全国高校出版社主题出版 ｜ 重庆市出版专项资金资助项目
西南大学创新研究 2035 先导计划资助项目

乡村振兴探索丛书
丛书主编　温铁军
　　　　　潘家恩

百年回归：
社会生态农业在中国

石嫣　程存旺 主编｜张笑　银睿 副主编

西南大学出版社
SWUP　国家一级出版社 全国百佳图书出版单位

图书在版编目（CIP）数据

百年回归：社会生态农业在中国／石嫣，程存旺主编；张笑，银睿副主编.-- 重庆：西南大学出版社，2023.1
（乡村振兴探索丛书）
ISBN 978-7-5697-1324-4

Ⅰ.①百… Ⅱ.①石… ②程… ③张… ④银… Ⅲ.①生态农业－研究－中国 Ⅳ.①S-0

中国版本图书馆CIP数据核字（2022）第168775号

百年回归：社会生态农业在中国

BAINIAN HUIGUI: SHEHUI SHENGTAI NONGYE ZAI ZHONGGUO

主　　编：石　嫣　程存旺
副 主 编：张　笑　银　睿

出 品 人：张发钧
策划组稿：卢渝宁　黄　璜　黄丽玉
责任编辑：刘　平
责任校对：尹清强
装帧设计：观止堂_未　泯
出版发行：西南大学出版社（原西南师范大学出版社）
　　　　　重庆·北碚　邮编：400715
　　　　　网址：www.xdcbs.com
经　　销：新华书店
印　　刷：重庆建新印务有限公司
幅面尺寸：170 mm×240 mm
印　　张：15
字　　数：210千字
版　　次：2023年1月第1版
印　　次：2023年1月第1次印刷
书　　号：ISBN 978-7-5697-1324-4

定　　价：69.00元

总　序

温铁军[①]

人们应该知道乡村振兴之战略意义实非仅在振兴乡村，而是在中央确立的底线思维的指导下，打造我国"应对全球化挑战的'压舱石'"。

2022年中央一号文件指出："当前，全球新冠肺炎疫情仍在蔓延，世界经济复苏脆弱，气候变化挑战突出，我国经济社会发展各项任务极为繁重艰巨。党中央认为，从容应对百年变局和世纪疫情，推动经济社会平稳健康发展，必须着眼国家重大战略需要，稳住农业基本盘、做好'三农'工作，接续全面推进乡村振兴，确保农业稳产增产、农民稳步增收、农村稳定安宁。"

为此，应把"三农"工作放入我国的新发展阶段、新发展理念、新发展格局中来解构。"三新"这个词，可能大家很少深入去思考，我们简单回顾一下。2021年1月11日，习近平在省部级主要领导干部学习贯彻党的十九届五中全会精神专题研讨班开班式上发表重要讲话强调：进入新发展阶段、贯彻新发展理念、构建新发展格局，是由我国经济社会发展的理论逻辑、历史逻辑、现实逻辑决定的。这是新时期全面推进乡村振兴的指导思想。

就"三农"工作来说，当前要遵照2020年党的十九届五中全会确立的国内大循环战略，"两山论"生态化战略，城乡融合发展战略。

我在调研过程中发现，很多地方在稳住"三农"工作时没能很好地学习和贯彻"三新"战略，还在坚持以工业化和城市化为主的旧格局，以至于很多矛盾不能很好解决。

---

① 西南大学乡村振兴战略研究院(中国乡村建设学院)首席专家、教授

新发展理念和旧的理念有很大不同，比如，现在我们面对的外部的不确定性，其实主要是全球化带来的巨大挑战。而全球化挑战最主要的矛盾就是全球资本过剩，这主要是近20年来，西方主要国家增发大量货币，导致大宗商品市场价格显著上涨，迫使中国这样"大进大出"的以外向型经济为主的国家多次遭遇"输入型通胀"。这些发达国家对外转嫁危机制造出来的外部不确定性，靠其国内的宏观调控无法有效应对。面对全球资本过剩这种历史上前所未有的重大挑战，我国提出以国内大循环为主体、国内国际双循环相互促进的主张。

因此，要贯彻落实2022年中央一号文件精神，就要把握好"稳"的基本原则，守住守好"两条底线"（粮食安全和不发生规模性返贫），坚持在"三新"战略下推进乡村全面振兴，打造应对全球危机的"压舱石"。

此外，在2000年以后世界气候暖化速度明显加快的挑战下，中国已经做出发展理念和战略上的调整。

中央早在2003年提出"科学发展观"的时候就已经明确不再以单纯追求GDP为发展目标，2006年提出资源节约、环境友好的"两型经济"目标，2007年进一步提出生态文明发展理念，2012年将大力推进生态文明建设确立为国家发展战略。也是在这个时期，习近平生态文明思想正式确立，"绿水青山就是金山银山"的"两山"理念在福建和浙江相继提出。2016年，习近平总书记增加了"冰天雪地也是金山银山"的论述。在理论上，意味着新时代生态文明战略下的新经济内在所要求的生产力要素得到了极大拓展，意味着新发展阶段中国经济结构发生了重要变化。

2005年，中央在确立新农村建设战略时已经强调过"县域经济"，2020年十九届五中全会强化乡村振兴战略时再度强调的"把产业留在县域"和县乡村三级的规划整合，也可以叫新型县域生态经济；主要的发展方向就是把以往粗放数量型增长改为县域生态经济的质量效益型增长，让农民能够分享县域产业的收益。

新发展阶段对应城乡融合新格局。内生性地带动两个新经济作为"市民下乡与农民联合创业"的引领:一个是数字经济,一个是生态经济。这与过去偏重于产业经济和金融经济这两个资本经济下乡占有资源的方式有相当大的差别。

中国100多年来追求的发展内涵,主要是产业资本扩张,也就是发展产业经济。21世纪之后进入金融资本扩张时代,特别是到21世纪第二个十年,中国进入的是金融资本全球化时代。但是,在这个阶段遭遇2008年华尔街金融海啸派生的"输入型通胀"和2014年以金砖国家为主的外部需求下滑派生的"输入型通缩",客观上造成国内两次生产过剩,导致大批企业注销、工人失业,矛盾爆发得比较尖锐。同期,一方面加入国际金融竞争客观上构成与美元资本集团的对抗性冲突;另一方面在国内某种程度上出现金融过剩和社会矛盾问题。

由此,中央不断做出调整:2012年确立生态文明战略转型之后,2015年出台"工业供给侧结构性改革",2017年提出"农业供给侧结构性改革",2019年强调"金融供给侧结构性改革",并且要求金融不能脱实向虚,必须服务实体经济。例如,国家农业银行必须以服务"三农"为唯一宗旨;再如,2020年要求金融系统向实体经济让利1.5万亿元。总之,中央制定"逆周期"政策,要求金融业必须服务实体经济且以政治手段勒住金融资本异化实体的趋势。

与此同时,中央抓紧做新经济转型,一方面是客观上已经初步形成的数字经济,另外一方面则是正在开始形成的生态经济。如果数字经济和生态经济这两个转型能够成功,中国就能够回避资本主义在人类历史两三百年的时间里从产业资本异化社会到金融资本异化实体这样的一般演化规律所带来的对人类可持续发展的严重挑战。

进一步说,立足国内大循环为主体的新阶段,则是需要开拓城乡融合带动的数字化生态化的新格局。乡村振兴是中国改变以往发展模式向新经济转型的重要载体。因此,国民经济和社会发展第十四个五年规划指出,要坚持把解决好"三农"问题作为全党工作的重中之重,走中国特色社会主义乡村振兴道路。

为什么强调"走中国特色社会主义"的乡村振兴道路?

因为,在工业化发展阶段,产业资本高度同构,要求数据信息必须是标准化的,以实现可集成和大规模传输,这当然不是传统农村和一般发展中国家能够应对的。

并且,产业资本对不同原住民文化有由强势地位演变而来的摧毁性,其派生的文化教育体现产业资本内在要求,是机械化的单一大规模量产的产业方式。被资本化教育体制重新塑造的人力资本如果不敷用,则改用机器人替代……

工业化时代产生的欧洲福利社会主义、苏联的国家社会主义、东亚社会资本主义虽表述不同,但都强调大生产,内涵仍是人类在资本主义时期工业化阶段派生的科技、教育、文化和意识形态,最终势必走向趋同。

中国特色社会主义最大的区别是,虽然产业资本总量和金融资本总量世界第一,但在发展方向上促成了乡村振兴与生态文明战略直接结合,对金融资本则严禁异化,不仅要求服务实体,而且必须服务于现阶段的生态文明和乡村振兴等生态经济,这就不是单一的提高农业产业化的产出量和价值量,而是包括立体循环、生态环保,以及文化体验、教育传承等多种业态。因此,乡村振兴不能按照资本主义国家农业现代化要求制定中国农业现代化标准,而是要按照"人与自然和谐共生"的中国特色社会主义现代化的基本制度特征,形成中国特色社会主义乡村振兴的生态化指标体系。

近年来,党中央提出建设"懂农业、爱农村、爱农民"的"三农"工作队伍并指出"实践是理论之源",多次强调国情自觉与"四个自信"。回到历史,中国百年乡村建设为新时代乡村振兴战略积累了厚重的历史经验。20世纪20至40年代,中国近代史上具有海内外广泛影响的乡村建设代表性人物卢作孚、梁漱溟、晏阳初、陶行知等汇聚重庆北碚,使北碚成为民国乡村建设的集大成之地,而西南大学则拥有全国高校中最为全面且独特的乡村建设历史资源。

为继承并发扬乡村建设"理论紧密联系实际"的优秀传统,紧扣党中央关于乡村振兴和生态文明的战略部署,结合当代乡村建设在全国范围内逾二十年的实践探索与前沿经验,我们在西南大学出版社的大力支持下,特邀相关领域研究者与实践者共同编写本丛书,对乡村建设的一线实践进行整理与总结,希望充分依托实际案例,宏观微观相结合,以新视野和新思维探寻乡村振兴的鲜活经验,推进社会各界对新形势下的乡村振兴产生更为立体全面的认识。同时也希望该丛书可以雅俗共赏,理论视野和实务经验兼顾,为从事乡村振兴的基层干部、返乡青年、农民带头人提供经验参考与现实启示。

理论是灰色的,生命之树常青!

是为序。

前言

　　我国是农业大国。自古以来,中国人的祖先凭借聪明智慧和辛勤劳作,发明创造了精耕细作的传统农业,与历史同期世界其他农业文明相比,中国传统农业的土地产能始终是高效的,唯有如此,才能养活世界上总量最大,密度最高的人口,才能支撑中华文明数千年绵延不绝。同时,中国的传统农业历来都是有利于生态文明,有利于山水林田湖草沙等自然资源,在人类双手的支配下,构筑了独特的农田生态系统,不仅生产出足够的食物,还持续净化着人类生存的环境。然而,数千年良性循环的农业生态系统在近几十年工业化改造农业的历史进程中,陡然逆转为制造食品安全问题和环境污染问题双重负外部性的不可持续的系统。农业已经成为中国水污染物氮(N)、磷(P)两种元素的最主要来源,超过工业和生活污染,成为第一大污染源。随着经济的稳步增长,一群新农人不满于频发的食品安全问题,以自身及家人的健康出发,创新探索了一条中国特色的"社会生态农业"模式——CSA。

　　社会生态农业(CSA)概念的雏形萌芽于日本,于20世纪80年代至今在美国发展壮大。目前,CSA模式已在世界范围内被广泛应用。

　　1970年,日本有机先驱农夫金子方德(Yoshinori Kaneko)组建了一个家庭有机农场。他意识到家庭农场除了为自己的家庭提供食物外,还可以为其他人提供食物。他计算出这个农场生产的食物足以养活10多个家庭。1975年,他与十个家庭达成协议,向他们提供大米、小麦和蔬菜,以换取现金和劳动力。像金子方德这样的受过高等教育的消费者群体和农民共同发起了Teikei(提携)运动,一直持续到今天。最初,许多日本有机农业的追随者都把Teikei视为连接农场及其消费者的唯一有效途径,但在后来的35年里,随着有机食品需求的增加和进口压力的增加,日本从事有机农业的农民不得不使其市场多样化。

CSA随后长兴于美国,主要受到奥地利哲学家鲁道夫·斯坦纳(Rudolf Steiner)提出的欧洲生物动力农业思想的影响。1984年Jan van der Tuvin在瑞士建立生物动力农业农场,成为欧洲的第一个CSA农场,他于1984年移居美国并将CSA思想带到美国,1985年他协助罗宾·范·恩(Robyn van En)建立了美国第一个CSA农场。

CSA在中国经过近十年的野蛮生长,逐渐显现出它内在的生命力,已进入聚力发展阶段。随着我国经济持续快速发展,国民健康安全意识不断提高,未来新一代中产家庭将成为CSA的核心客户,有机农业将保持全方位增长。同时,困扰中国CSA行业发展的相关认证、政策等问题,也将逐步趋于规范化。以个体为单位的CSA农场也将逐渐探索出适合本土发展的多元化道路,以充分发挥CSA的服务、经济、生态与社会价值。

CSA推行有机食品生产及健康美好的生活方式,与我国当前实施生态文明建设的战略目标相一致。国家相关政策表现出对CSA农业发展的支持,也增强了行业发展的信心。CSA农场为作物提供了顺时生长的环境,为人们带来了安全健康的食物,为孩子们提供了接触自然的机会,为社会带来了新的经济模式和经济增长动力,为生存环境减轻了一份负担。CSA不仅仅是一种商业模式,更是一份社会使命——为了人类的生存而存在!

目 录

绪 论

理解中国的小农

百年前的学者即已认识到,中美两国农业生产模式存在巨大要素禀赋差异而不可能完全效法彼此。当前,坚持认为中国农业应该转向美国"大规模+集约化"模式的大有人在,实在令人感到惊愕,也不得不对农业政策中长期存在的偏差带来的"双重负外部性"——生态环境损失和食品安全失控而扼腕。若想彻底扭转环境敌对型农业蔓延之势,必须从农业生产之外探寻问题症结并对症下药,亦即我们在1990年代开始,就不断强调的:解决之道在"三农"之外。

2011年,是《四千年农夫》出版发行一百周年,作者是百年前曾经担任美国农业部官员、威斯康辛州立大学土壤系主任的富兰克林·H.金教授。他于1909年赴中国、日本和朝鲜等东亚三国考察农业生产体系。农耕是人类文明的基础,但是到目前为止,人类还没有整理出自古以来的全部农耕经验。不过,一个世纪之前,富兰克林·H.金认为,农耕的首要条件是保持土壤肥沃。通过对中国、日本、朝鲜东亚三国农业生产的研究,他指出,东方各民族不仅早已遇到保持土壤肥沃的问题,并且还找到了解决的方法,这些方法后来被写进了《四千年农夫》,这是西方向东方学习保护自然资源的第一课。

一、东亚传统小农经济从来就是"资源节约，环境友好"的可持续发展农业模式

就在辛亥革命爆发的 1911 年，美国农业部官员、威斯康辛州立大学土壤专家，远涉重洋携妻子游历中国、日本和朝鲜，考察三个东亚国家古老的农耕体系。这两位年过花甲的美国老人怀着急切的心情想与东亚的三个古老农耕民族的农民交流。因为，他们百年之前的问题意识相对于今人而言亦属非常紧迫——"我们渴望了解经过三四千年之久的今天，怎么使得（有限的）土壤生产足够的粮食来养活这三个国家稠密的人口。现在我们得到了这个机会。"[①]

当年激发金教授对东亚三国农业强烈兴趣的，是当时美国农业面临的严峻挑战。在外来殖民者杀戮土著、贩卖奴隶条件下的大规模开发不到一百年的时间里，北美大草原肥沃土壤大量流失，严重影响农耕体系可持续性，农业生产效率远低于东亚三国。虽然讳言殖民化罪恶几乎是大多数西方治学者不能摘下的"心罩"，但是，良好的科学素养仍然使得金教授很快地就发现了东亚三国农业生产模式与美国模式的差异，以及造成这些差异的资源条件约束和东亚农业生产模式的优越性。东亚三国农业生产特点集中于生产过程中高效利用时间、空间和各种可增进土壤肥力的资源，甚至达到吝啬的程度。但唯一不惜投入，甚至过度使用的资源则是农民自身的劳动力。亦即，东亚传统小农经济从来就是"资源节约，环境友好"的可持续发展农业模式。

众所周知，中国耕地资源仅占世界的 7%，水资源占世界的 6.4%，而水土光热配比的耕地不足国土面积的 10%；如果按人口与资源应该基本平衡的道理看，中国人口的 2/3 原本就缺乏生存条件。中国大部分国土位于北纬 20°至 40°之间，受副热带高压控制。南北纬 30°地区主要以干燥晴朗天气为主，因此，全世界主要热带沙漠才大多分布于南北纬 30°附近。由此可见，中国在地

---

① ［美］富兰克林·H.金.四千年农夫：中国、朝鲜和日本的永续农业[M].程存旺，石嫣，译.北京：东方出版社，2011:2.

理上本来就属于北纬干旱带,若非太平洋季风带来季节性降水,则中国大部分地区将面临更严峻的干旱。

在资源有限、总体自然条件并不适宜农业生产的情况下,中国竟然滋养了世界约20%的庞大人口,若没有农民几千年的辛劳和来自实践的智慧,任凭谁、舶来什么激进的理念和制度设计,恐怕都无济于事。

正是短缺的自然资源和庞大的人口,塑造了资源节约、循环利用、精耕细作的中国传统农业生产模式,以及中国农民极端节俭、克制欲望、任劳任怨的品性。长期以来,无论是分成租还是定额租,名义地租率都在50%左右变动,而精耕细作生产模式下的实际地租率一般情况下都低于50%。由此可见,尽管人口众多,劳动力仍然是中国传统农业生产中最关键的要素,其要素回报率甚至长期高于土地。由此可见,小农的"家庭理性"作用与农户人口增加具有相关性。

如果增加的人口多为男性,即意味着未来可从农业生产中获取相对低风险的、因稳定而有累积收益的预期;如果多为女性,则能够在农闲时期参与到商品化和货币化程度更高的养殖业、手工业和经济作物的生产、流通等工作中,换取短期收入以补贴家用。这种能够内部化外部风险的小农经济的家庭理性之特点,基于农户内部劳动力组合投资机制的发挥并建立在"精耕细作+种养兼业"所促发的土地生产率高的基础之上。

结合小农家庭内部劳动力组合投资机制来考察农业经济时代中国发达的商品经济,则不难理解小农家庭人口生产派生的过剩劳动力接受极低的报酬而进入农业之外的生产领域。每当王权能够保障社会基本稳定,则过剩的劳动力就会很大程度地被农村内部的五行八作吸纳,由此而内生出来的,则是能够内部化处理外部性风险的"村社理性"。即使村社不能吸纳,过剩劳动力也会被城市和集镇的民间三百六十行吸纳。

当时局动荡、百业凋敝时,过剩的劳动力回流农村和农业,加剧小农家庭人口资源关系紧张的同时,减轻了城市商品经济吸纳就业的压力。待外部制度调整到位、百业待兴之时,小农家庭过剩劳动力再次流出。但是,这一调整过程并不总是能够顺利完成。如果不利气候因素长期大面积影响农业生产,或者王权未能及时控制吏治腐败、官僚豪强兼并土地之势,或者遭遇外族侵略,这些外部非经济因素往往交织在一起共同作用,导致小农家庭不堪重负而土崩瓦解,最终导致农民起义和王朝更替。

由此可见,东亚乡土社会的小农家庭和村社群体实际上发挥着劳动力"蓄水池"的作用,稳定时期为经济发展提供源源不断的廉价劳动力,困难时期则成为各种社会危机转嫁的承载底线。

进一步分析"蓄水池"深度的影响因素,则不难发现,农业生产率构成了小农家庭劳动力蓄水池效应的物质基础和主要影响因素,良好的村社治理和宏观制度设计也对提高小农村社制的蓄水能力有所裨益。实际上,小农家庭人口生产与这些因素之间的影响是相互的。由于人口相对其他资源更加丰富,才可能衍化出密集投入劳动的精耕细作农业生产模式。

几千年乡土中国文明内生性地具有经济社会多样化,这本来就是正常的、历史的"生态文明"。于今而言,既不必骄傲也不必"虚无",这是作为中国人应有的历史常识——这种小农与村社的内在经济理性,促进着各行各业和基础设施建设的蓬勃发展,最终铸就多样化的同属于最古老民族国家的中华民族的整体繁荣。

二、理解小农才具备理解中国历史和预见未来发展的基础

富兰克林·H.金教授未必当年就有如上分析。他在反思美国农业生产模式之后陷入了迷思,不知道美国农业生产模式该有怎样的发展方向。美国农业生产模式存在诸多不可持续的弊端,农业从业人口过少、人工耕作技术落后而无法转向中国式的精耕细作,也可能由于西方殖民掠夺带来土地资源空前宽松,从而无法产生农业生产模式转型的动力。

百年前的学者即已认识到中美两国农业生产模式存在巨大要素禀赋差异而不可能完全效法彼此,而当前坚持认为中国农业应该转向美国"大规模+

集约化"模式的大有人在,实在令人对这种"无知者无畏"的泛滥感到惊愕,也不得不对农业政策中长期存在的偏差带来的"双重负外部性"——生态环境破坏和食品安全失控而扼腕。

2010年2月公布的《第一次全国污染源普查公报》显示,中国农业已经超过工业和生活,成为两项主要水污染物的最大来源。中国大规模使用农业化学品不过短短的三四十年,就将以往能够消纳城市生活污染、长期创造正外部效应的农业,肆无忌惮地改造成制造严重负外部性的产业,实在令人惋惜。

更复杂的麻烦在于,如此激进地在产业资本高速度扩张阶段发生的短期转变,其动力主要是外在因素结合而成的。由于其并非来源于农业系统内部,因此,若想彻底扭转环境敌对型农业蔓延之势,则必须从农业生产之外探寻问题症结并对症下药。如此,则可理解为什么我们在1990年代开始就不断强调:解决之道在"三农"之外。

正因如此,百年前金教授对传统农业价值的分析仍然不容忽视,应结合现代农业多功能性所需要的适用科学技术创新和相应的组织制度创新,内生性地使中国传统农业生产模式发挥更大的价值。

日本作为金教授探访的东亚三国之一,早在20世纪50、60年代就遭遇因过度使用农业化学品和外部工业污染而导致的严重环境灾害,不得不彻底放弃以往以"数量安全"为主要导向的农业政策,转而提出兼顾数量安全、农村发展、质量安全和生态环境等多重目标并强调农业多功能的"三农"政策——1992年发布新的"食物·农业·农村政策方向",开始致力于环境保全型农业的推进,政策所关注的对象已不再仅仅是"农业",而变成了"食物、农业、农村",政策目标已不再局限于提高农业生产率层面,发展路线也由单纯追求规模扩大和效率提高转变为重视农业的多功能性和自然循环机能的维持和促进。

2004年,日本的农业环境、资源保全政策被作为农业政策基本问题进行讨论。2005年3月,新的"食物、农业、农村基本计划"提出,使日本农业"全面向重视环境保全型转变"。在此农业政策的引导下,传统农业生产模式很快恢复,因融入现代适用科技而得到加强。此外,值得中国学习的是:日本农业政策转型得到了日本综合农协的有力支持。

综合农协是日本政府为保护小农家庭而进行的重要组织制度创新，其作为日本国家战略的地位在日本法西斯对外发动侵略战争之前就已确立——战争需要从农村社区大量抽取青壮年劳动力和其他资源，政府为了避免农村社区衰败而"赤化"，不得不将留守人员组织起来，给予各项优惠政策，并且严禁任何外部主体进入"三农"占有收益。

这项综合农协政策之延续，保护了日本农民利益和农村可持续发展近百年。直到近几年，日本农业人口老龄化严重而不得不放开保护政策，允许农村社区之外的自然人投资农业，但外部企业法人仍然被禁止介入。除了农业生产经营领域的保护，综合农协还获准利用垄断，主要是以农村土地变现为来源的金融保险等业务积累而成的金融资本直接参与国际金融市场，通过资本运作获取高额利润再返还给作为农协股东的全体农民。这些优惠政策长期使得日本农民的人均纯收入高于市民的平均收入，而农民人均纯收入的60%以上来源于日本政府给予的各项优惠和补贴。

只需稍微对世界农业发展不同方向进行客观分析，则必然导向对人类文明现代化进程进行全面系统的反思。金教授即是如此，他洞察了当时西方城市化过程中存在的诸多对人类可持续发展构成威胁的因素。而当时中国大城市人口密度世界最高，例如，像上海这样的城市却没有西方发达的下水道系统，城市人口的排泄物和污水完全依靠来自周边农村的农民每天清晨一桶一桶地运往农村，制作成为有机肥再施用到土壤里，最终完成城市废弃物的无害化处理。进一步估算可以发现，每天将接近一百万成年人的粪便施用于田间可以给土壤带来1吨多（大约2712磅）的磷和两吨多（大约4488磅）的钾。

金教授从农业生产物质循环角度出发，认识到西方的城市利用发达的下水道系统将人类粪便和生活污水直接排入水体不仅造成了环境污染和带来了健康隐患，更重要的是浪费了其中可用于农业生产的宝贵资源。而中国城市废弃物的处理方式既能在减少化肥等外部投入的情况下培肥地力，又能利用土壤无害化处理人类排泄物,避免直接排入外部水体导致污染和健康威胁,更创造了就业机会,完美体现了农业的多功能性。若当年的西方国家及时采纳金教授的建议——学习东方农业生产和城市规划中对废弃物循环利用的原则,则可能避免形成老欧洲和北美沿海岸线密集分布的因水体富营养化导致的死海区域。

作为美国著名的土壤学家,金教授从未受到中国传统农耕文化的影响,不曾有过中国传统士大夫"采菊东篱下,悠然见南山"的情趣,但是他对东亚三国小农的赞美却是由衷的:"这群人有很高的道德修养,足够聪明,他们正在苏醒,他们有能力利用近年来西方国家的所有科学和发明;这群人长年以来深深地热爱和平,但一旦遭到压迫,他们一定会,也有能力为了自卫而战斗。"同理,19世纪20年代从美国毕业回国的晏阳初博士虽然初期很激进地给中国农民下了"贫、愚、弱、私"的判断,随后却在深入农村的实践中改造了自我,提出"欲化农民,必先农民化"的主张,并积极开展影响深远的平民教育与乡村自治运动。

美中这两位都属西学功底深厚的学者,虽然从不同的学科视角审视"小农",却得出了相似的认识,也使今人得以在先贤认知基础之上去伪存真,拼凑出更加全面的"小农脸谱",去理解"小农"。因为,只有理解了小农及其赖以生存的自然农业和多功能村社,才具备理解中国历史和预见未来发展的基础。

程存旺　石嫣　温铁军

百年回归——CSA起源

第一节　四千年农夫与朴门农艺

四千年来东西方农业从差异走向融合

中国农耕文化形成是从生活中来的,所以是自在的、自觉的

朴门农艺是有意识的设计生活和农业

西方农耕的转折点在16世纪,以显微镜观察细胞走向微观

东方农耕同样在16世纪出版了《农政全书》时达到顶峰

　　我最早接触朴门农艺是在读《四千年农夫》的时候,因为《四千年农夫》的副标题是"中国、日本和朝鲜的永续农业",永续农业是对 permanent agriculture 的翻译,而朴门农艺也经常会被翻译为永续设计,其英文原词是 permaculture,这个单词是永续农业的集合词,而朴门农艺应该是对这个单词的音译。

　　同样是在人类历史的16世纪,东方的农耕走到了它最鼎盛的阶段,明代万历年间的《农政全书》将中华农耕文明中的核心要素:农本、田制、农事、水利、农器、树艺、蚕桑、蚕桑广类、种植、牧养、制造、荒政等12目进行了深入的阐述。而此时西方也到达了农耕的转折点,开始用显微镜观察细胞,从而农业走向微观,也走向了农业更精细化的分科。正如我们现在大学中农业的专业分类中,土壤、植物、昆虫、营养等专业正是沿着这种显微镜式的思考而设立的,但也就意味着可能难以建立整体化、复杂化的思维方式。

东方的农事是从生产和生活中自在地形成的,因此,谈到农业生产与之结合的就一定是生活的吃、穿、住,并因为各地的地理、地貌、物候的差异而形成文化,农业在中国历史上从未只作为第一产业存在过。

在中国传统农耕思想中,施用肥料的主要目的是"培肥土壤",而不仅仅是西方农业模式中满足 N、P、K 等所谓大量营养元素的需求,中国农耕历史上使用的肥料有几十种,包括:人粪尿、家畜禽粪尿、蚕屎、蚯蚓粪、草木灰、草木落叶、绿肥、堆肥、骨肥、泥肥、土肥、秸秆、蜗牛壳、豆饼、灶灰等。因为人地资源的限制,所以集约有效利用时间和空间就成为了中华传统农耕文化最深刻的内涵,像间种、套种、一年多熟、轮作等,都是为了在资源有限的条件下获得更多产出的有效做法。而这些内容,也多数被现代科学的数据所证实,在农业生态学上有着重要价值,在《朴门农艺》一书中也有多处体现。

中国城乡之间、乡村内部进行的物质循环,"地力常新壮、用粪如用药",中国传统农业倡导的"种养结合、精耕细作、地力常新",核心就是处理好农业与天、地、人之间的关系,农业要因时制宜、因地制宜,农人则需要处理好这几个主客体之间的关系,这便是农事的管理。

农业提供给了中国人衣食住行的原材料,养蚕、种茶、种烟草、建筑、燃料、织物等都与日常生活息息相关。与乡土生活有关的就是在这种生活方式下形成的乡土文化,诚实、节俭、幸福、满足、忙碌、平和……在农耕文明的条件下,这样的生活方式或许就是自然而然形成的。与土地近了,人类无论是在主动还是被动的条件下,都会更接近自然的节奏。生命过程中包含了丰富的物理、化学和心理反应,而时间是所有这些反应的函数。农民就是一个勤劳的生物学家,他们总是努力根据农时安排自己的时间。

费孝通说过:"中国人像是整个生态平衡里的一环,这个循环就是人和土的循环,人从土里出生,食物取之于土,泄物还之于土,一生结束,又回到土地。一代又一代,周而复始。"

新中国成立以来,由于工业化的需求,农业剩余变成工业化的提供方,80年代中后期农业逐渐成为第一产业,更多侧重了农业的生产功能和经济功能,而农民和农民的生活部分被"城市化"和"现代化"的话语正确所弱化,现代化的进程中,规模化、机械化、集中化等也就成为了这个时期中国农业所追求的目标,2017年的中央一号文件指出"农业的主要矛盾由总量不足转变为结构性矛盾",而同时农业的生态、社会的双重负外部性也突出显现,乡土社会衰败,没有年轻人务农,农业一举成为面源污染第一大贡献者。

21世纪以来,有意识的人群开始返乡,从事生态农业的相关工作,生活在乡土,从土壤到食物,从乡村到城市,从土壤菌群到人类大肠菌群,以整体的思维,进行微观的阐释。

古代农人用天地人和谐的思想来管理农业,现代农业科学正在不断尝试用科研成果来解释农业。正如我们对于植物养分吸收的原理理解,从简单的三种营养元素到微量元素,再到最近对复杂的土壤中微生物相互作用关系的研究。

数千年来,植物已经形成了与其根系定殖的真菌的共生关系,创造了菌根(my-corrhi-zee),字面上是"真菌根",将植物根系的覆盖范围扩大百倍。这些真菌细丝不仅将营养物质和水转移回植物细胞,还连接植物,实际上使它们能够相互通信并建立防御系统。一些菌根真菌还能分泌出抗生素,这有助预防植物感染土传病害。英国的一项实验表明,菌根丝作为植物之间信号传导的渠道,加强了它们对害虫的天然防御。当被蚜虫攻击时,蚕豆植物通过菌根细丝将信号传递到附近的其他豆类植物,作为早期预警系统,使这些植物能够开始产生排斥蚜虫和吸引黄蜂的防御性化学物质。另一项研究表明,病害番茄植物还使用地下菌根丝网来警告健康的番茄植物,使其在自身受到攻击之时激活其防御。

1970年,由澳洲生态学家在《朴门农艺》一书中开始提出的观念有意识地思考农业生产、生活、生态、生计的方式,中国古人在无意识之中建设了非常美丽又环保的乡土建筑,当然类似风水的学说也是古人的一种有意为之,而当下我们可以通过研究古人的智慧并利用现代的技术和信息去设计生活的空间。而西方微观、结构化地去思考整体的方式也是对我们从整体到局部分析思考的有力补充。通过这样的方式，我们可以让乡土生活生产变得更美，更重要的是在这个过程中找回设计的主体，不是设计师而是乡土生活者。

生活是一种不断地再设计的过程。一个设计师一年要设计很多房屋，而一个农民一生可能只设计一处生命的居所。

有机农业的阶段式发展

《四千年农夫》一书之所以在有机农业领域有着很强的影响力，应该源于它是最早出版的反思西方依赖不可再生能源的农业耕种形态并介绍东亚持续几千年农耕文明的一本书。很有意思的是，在金教授完成了这本书之后，一个英国的土壤学博士霍华德被皇家派往印度教授农业耕作技术，在印度工作一段时间之后，他却产生了对英国农业耕作方式和科研体系的批判与反思，并完成了同样对有机农业具有巨大影响力的一本著作《农业圣典》。

之后，鲁道夫史坦纳、罗代尔、福冈正信代表的生物动力农业、有机农业、自然农法、朴门农艺等都有相似的核心思想，只是在技术操作上有所不同，不过，它们都是国际有机农业运动的一部分。

这个阶段从20世纪20年代开始，一直到20世纪的七八十年代，都是各类有机农业思想、哲学发端的时代，这个时代所面临问题的背景是西方大农场模式的可持续发展问题，如何能够让农业更加资源节约、环境友好，是这个时代农业思想孕育的基础。这个时代也被称作有机农业的1.0时代。

百年来，有机农业所面临的农业问题在西方仍在加剧，20世纪的六七十年代，发达国家工业化和城市化的发展，也带来了很多发展代价的转移，农业污染、食品安全问题日益凸显，也就随之产生了对有机农业更大的产品市场需求，这个时期在美欧日等发达国家和地区成立了不少民间有机农业协会，也有不同的区域联盟的生产标准，也就产生了因标准不统一带来的贸易困难。到了20世纪七八十年代，各个国家的国家标准开始出现，不过这些国家的标准基本都参照了行业内的不同区域标准，也是对有机农业各个不同利益主体的平衡。有了标准，也就容易形成市场规模，1970年到2010年，这段时间是有机农业贸易大发展的时期，在有机农业运动舞台上都更多活跃着有机产品的进出口、国内市场开拓、大型展会等现象。这个时代有机农业的特点是有机农产品更为市场化、产业化、全球化。这个时代也被称作有机农业的2.0时代。

当然，这个阶段也有很多问题出现，比如有机农业也被工业化，为了压低生产成本，以更低的价格销售，美国很多大型有机农场都会雇佣墨西哥非法移民工作，很多人认为有机农业在这个阶段偏离了"生态、健康、公平、关爱"的四大原则。尽管有机产品对消费者有了更多好处，可是公平关爱的理念并未在有机农业体系中体现出来，也就是在有机农业体系里经济又脱嵌于社会了。还有一些关于有机农业标准降低的讨论，很多人认为有机农业的标准降低是为了不断扩大国内有机产品的市场份额以应对日益增长的对有机农产品的需求，比如是否允许使用转基因种子的问题。还有很多人认为有机认证本身简化了有机农业的思想，在认证标准中仅能体现对种植方式的要求，而没有体现有机农业对人与人关系特别是生产者与消费者关系的思考。一件商品是否体现了四大原则中的关爱原则，或者说关爱原则是否可以被标准化，是一直存在争议的问题。因此，这个阶段又出现了一个平行于有机认证的第三方体系——参与式保障体系PGS，这个体系最早出现于巴西的一次有机农业的会议上，很多人提出现在的有机认证割裂了消费者与生产者的关系，而变成一个获利方式，应该有一种新的认证体系被生产者和消费者所拥有，而认证过程对于双方来说，都是一个学习的机会。到目前为止，巴西、印度、新西兰、美国已经有了国家认可的PGS体系，他们所认证的产品有的可以贴"PGS有机"的标签，有的只能使用"生态"的标签。在有机农业2.0阶段的70年代，在欧洲和日本还出现了一种倡导"直销、当地、友好"的产销模式，在日本被称为"teikei（提携）"，在美国被称为"社区支持农业（CSA）"，这种模式的实质就是消费者和生产者建立长期的、超越食物简单买卖关系的合作。在中国,我们将这类模式统称为"社会化农业",意即区分于产业化农业只重视经济功能的模式。产业化农业只是将农业看作一种生产方式,农产品看作一种商品,而忽视了农业的环保、生活、休闲、就业等其他方面的功能和价值,社会化农业是一种以人为本的农业生产和流通方式。2008年后兴起的市民CSA农场、农夫市集、消费者共同购买等模式都属于社会化农业的类型。

有机农业(Organic Agriculture)和生态农业(Agroecology)到底意味着什么? 这些问题早在1.0时代的那些经典著作或者思想中,在中国四千年农学思想中已经给出了答案。农业生产中最重要的三个要素就是"天、地、人",有机农业的目标应该是实现"天时、地利、人和"。天,理解物候、温度、节气、阳光、空气等相关的因素;地,理解土壤,其中最重要的就是肥,用肥如用药,如何使用好肥料是种好地的首要问题;人,人在自然系统中既不是控制自然的主宰者,也不该是自然的奴隶,而是通过人来协调天与地之间的关系。

争议比较大的是有机农业被当作一个认证结果,认证体系限制了有机农业的扩大,特别是对很多后发国家来说,就像哥斯达黎加这样的国家,因为主要生产的咖啡豆要出口,必须与出口国家的认证匹配,有机标准更多参照了欧美国家,导致本国的很多小农被排斥在咖啡贸易之外。中国也有这样的情况,比如当我们提到有机农业的时候有几个非常普遍的问题:"中国有真的有机农业吗? 土地、空气、水都被污染了","恐怕只有深山里才有有机农业吧","北京雾霾那么严重,怎么可能做到有机","不用农药,菜肯定都被虫子吃光了","我的产品通过了300多项农残检测,是有机的"。有机农业被认证的结果过度简化了,大部分人不愿思考我们的农业和生活到底发生了什么问题,该如何解决,如何贡献自己的力量,每个人不能刻意忽视环境问题和社会问题。我们都要在自己日常柴米油盐酱醋茶之外,努力思考更多的问题,特别是已经占有了大量社会资源的人。我们每个人都应反思自己,我们需要了解自己生活地区的土壤、水等自然资源到底是什么情况,农户从事有机农业的目的是什么,是否有相关技术,是否有市场,是否能够可持续。

有人认为生态农业可以涵盖超过有机农业思想之外的内容，比如有机农业可能被简化为无农药、无化肥，但是生态农业需要更多考虑轮作、绿肥、间作、水土保持、肥料使用等问题，是系统的、整全的思维方式。如果了解有机农业最佳实践的人肯定知道这也是有机农业的最佳目标。对于生态农业这个提法，最大的争议是生态农业是否要制定标准，因为有的称为生态农业的农场可能使用农药、化肥或者本身是工业化生产过程。生态农业意味着3.0时代吗？一个词的更换并不能解决问题。有机农业也好，生态农业也好，我们既要注意的是简化的思想，也要特别谨慎简化的做法。

2010年起，在世界有机农业的舞台上更多的农场主越来越活跃，他们提出，有机农业应该回到关注生产者的本质上来。有机农业3.0时代到来，这个时代仍然会发展有机农产品贸易的部分，但会更多回归有机农业四大原则的核心部分。这个时代，我们看到国际有机农业联盟（International Federal of Organic Agriculture Movement，IFOAM）开始推动生产者和消费者直接对接的CSA，降低认证成本，让更多小农加入有机农业运动的PGS参与式保障体系。IFOAM曾经与CSA国际联盟URGENCI谈判，希望将URGENCI变为IFOAM平台下的一个分支机构，但这个提议被URGENCI理事会否决。IFOAM后期对于PGS的推动力度越来越大，在2014年土耳其的第18届国际有机农业大会上，专门设置了会前会讨论PGS的发展，并通过国际交流项目将国际PGS委员会的工作人员派到中国来交流一段时间。

有机农业在中国的呈现有着与西方不一样的内容。如果将现代话语中的"资源节约、环境友好"作为首要评价标准的话，那么乡土文化则是在这个标准下最高的文明形态。农业在乡土文化中不仅仅是一种生产方式，同时也是生活的一个重要组成部分。在资本文明的形态下，发展的内在动力来自少数对多数的"剥削"，如若农业价值高，城市不能再源源不断向乡村抽血，则城市化本身的低价劳动力就难以获取，中国农民安土重迁，如果能在乡土获得一份足够体面的收入，并不一定想要进城务工。而乡土文化本身的正外部性并不能通过经济效果去简单评价。可以想象，如果我们的政策导向仍然沿着不断城市化的方向前进,越来越多的乡土社区被破坏,则城市也要为此承担更高的风险成本。低廉的农产品价格使得农民不能再依赖土地为生,只能进城务工,成为城市里的打工者,"低价"也给予城市人一个维持城市生活的低廉生活成本,都市的生活消耗着无数"低价"的产品,从食物到服装,而这些低价的产品却有着极高的环境和乡土社会的成本。因此,有机农业在中国不应是简单的对农业生产标准的一种认定,更应该包含对乡土文化的保护和认可。中国有句俗话:"人没有吃不了的苦,却有享不了的福。"人的欲望无止境,只靠人类自己的道德约束恐怕要求太高,而保护和珍视现有的文化,并不是一种抱残守缺,反而是对中国文化中"大道中庸"内涵的发展。

有机农业不应该是建立一种农业耕作模式,而是建立一种农业社会化模式,在这个模式里,有机农业链条中的各个主体都应该具有反思精神,不能因为拥有了短期的利益而忘记初心。

有机农业自身也需要反思,在常规农业体系中,我们有大量的农民、学者、商人,有大量的研究、贸易、加工,可是这个体系并没有变得越来越好,反而日益产生新问题,整个食物体系从经济上越来越庞大,但却没有多大程度上改善农民的生计,只要劳动力、资金、土地三要素外流,乡土的衰败就不可避免,没有愿意以土地为生的人,也就难以提及土壤的改良;土壤无法改良,那么有机农业的根基也就不存在,大量技术的研究恐怕也只是"空中楼阁",甚至为了研究而研究,研究一些毫无意义的课题,浪费大量资金。如果落地只是一个自上而下的技术,技术为谁服务?是否是目前农业生产所必须?两者就必然会产生脱离。所以,无论何时我们都要警醒,就是我们从事农业生产、研究和政策制定的人必须落地而不是制造空中楼阁,以至偏离问题的重要方面太远。

因此,在有机农业3.0时代,我们应在拥有了足够的理念、技术之后,反思在哪些方面我们做到了,在哪些地方我们做得还远远不足。也许有一天,当农民成为了一个具有竞争力的职业,很多年轻人愿意回到乡村工作、生活,农业更加生态,这个时候我们的农业系统也一定会变得更加健康。

关于反思,我们需要一直抱着开放和学习、包容的心态,我们不能用先入为主的意识限制了我们的创新和实践,我们要向其他相关的运动学习,在经济、社会、生态三个方面,比如慢食关于社会公众宣传方面的经验,其视频、手册、文章等针对社会大众更具有吸引力;公平贸易,更直接地建立了生产者和消费者关系的理念;CSA更好地表达了社会人主体在产消关系中该承担的责任……作为有机运动本身,要多学习并且多交流,引入我们所需要的理念,只要符合生态、健康、公平、关爱四大理念的经验我们都可以拿来学习。

有机农业3.0不是主流化消费本身,而是通过信息、资源的交流开放共享的平台,让有机农业社会化、生态化。有机农业倡导"公平、健康、生态、关爱"这四大原则,希望在有机农业3.0时代回到有机农业起源地中国,重新探讨城乡关系、生活方式、生态价值。

石嫣,2017年8月14日于柳庄户村

第二节　生态文明转型与乡村建设

第九次全国社会化生态农业大会的时代背景,是中国正在推进的生态文明战略转型。在人类面临资本过剩造成资源、环境综合性危机的压力下,中国一方面也表现出资本全面过剩、综合债务率过高,另一方面污染恶化、环境成本过高等新世纪的"双重危机"。国家同期提出的向生态文明的战略转型,确有一定的现实性。因为,在完成了工业化的国家之中,唯中国还有约一半人口生活在内生具备多样性条件的村庄,而多样性是生态文明的基本内涵。恰是多样性村社内在的"内部化处理外部性代价"的逻辑,使得乡土中国有对上述双重危机的缓解作用。

乡土中国是历经多次危机得以软着陆的基础。历届国家领导人强调的以人为本、科学发展观、两型经济、包容性和可持续,以及美丽乡村和美丽中国等,都是符合生态文明战略的提法。2017年中央一号文件提出农业供给侧改革的方向是"追求绿色生态可持续"的生产方式,与农业政策转向的同一时期,国家明令取消对地方政府的GDP考核,全面转向生态文明建设。各地政策也在迅速地由"招商引资"向"招人引智"转变。尤其是针对20世纪90年代以来政策支持的资本下乡带来垄断式的资源占有破坏了生态环境,现在则向分享式的市民参与转化。

有鉴于此,我们2003年以来倡导的合作社为主体的社会化生态农业逐渐得到主流认可。2009年以来借鉴海外的CSA搞市民参与式农业,也得到空前的发展机遇期,这是个前所未有的新趋势……

一、新时期乡村建设的背景

早在1987年国家农村改革试验区建设之初,单位领导就要求我们把民国乡村建设的资料复印过来,准备与当代进步知识分子推进的农村试验区做比较研究。我在这个官方主导的乡村试验区一直工作到1998年。无独有偶,各地乡村建设的资深人士也是从1990年代启动各地乡村建设的,像山西永济市蒲韩社区的郑冰就是从1998年就开始在自己家乡进行乡村建设。而这个时间,又恰与东亚金融风暴造成中国生产过剩危机爆发同步(1997年东亚金融风暴之后中国经济进入萧条阶段,当时的宏观形势总体来看是连续4年通货紧缩)。到2001年中央正式关注"三农问题"之际,我们依靠民力发起了乡村建设试验。2003年国家确立"三农问题重中之重"的战略方针,我们在河北定州翟城村创办了晏阳初乡建学院。

同期,国际社会一度发生反全球化运动。1998年美国西雅图抗议WTO运动在1999年转到香港。2001年社会各界在香港发起了一次以亚洲社会组织为主的反全球化游行。因为,全球化本身是一个资本化的过程,在这个虚拟资本无序扩张的大背景下,无论何种制度都在摧枯拉朽般破坏世界上几乎跟原住民有关的所有资源、环境、文化、历史等。从1999年反全球化运动进入亚洲为标志开始了"后西雅图时代"。由此,也带动了亚洲这个世界上最大的原住民大陆的文化复兴——尚存的乡土社会的文化复兴,连带着乡村复兴。于是,一百年前在中国起步的乡村建设,到世纪之交重新兴起。

需要特别注意的是,在乡建这个突出实践性的领域中,越是从微观入手的事情,越是要见微知著。因为乡建不仅是建设乡村,也是为生态文明培养新人的大事业。吾辈身处"数千年未有之大变局",总有人会问:我们从哪儿来?我们身在何处?我们向何处去?我们为什么是这样的?为什么我们以前没这样做?

做生态农业也应该思考:为什么现在有越来越多的人加入乡村建设的行列中?那就得从一个相对的宏大叙事回到微观乡建故事上来,了解全球资本过剩对农业的负面影响。乡建人做事要体现起码的自觉,如果自觉性不足,就不能全面理解我们身处其中的天下大事跟具体工作的相关性,那就会有人去找宗教、找历史,有些人找某个局部的、个别人的因素,随之衍生出的"好人好事"等庸俗叙事。但是,当代乡建代表的文明复兴,其实是在一个历史大背景下具有普遍意义的事情,各地实践者无论是否意识到,也都不得不处在这种宏大叙事构建的框架之内。

回想当时我们为什么搞乡村建设,其实就是在全球过剩资本蔓延、资本化毁掉人类生存所依托的资源的趋势之下,人们普遍受到威胁,感到这样再听任资本化大潮继续,对所有人来说都是灭顶之灾。于是有了后西雅图运动进入亚洲这个世界最后的一块原住民大陆。而亚洲人都应该知道我们就是原住民,既不是殖民者,也不是被西方人殖民占领、大规模消灭后剩下的少数族群。

美国现有约五十多万原住民,加拿大有近四十万原住民,原住民的文化已经被毁掉,在所谓人类学博物馆之外几乎没有了。美国原住民在亚利桑那沙漠的保留地里,尽管仍然认为美洲是他们的国家,但没有力量抗争。

当西雅图运动进入亚洲的时候,突然得到广泛响应,也许是因为亚洲本来就是世界上唯一剩下的原住民大陆,而我们原本就是在传统农业上赖以生存的人群,有相当强的繁衍能力及文化认同。反全球化运动蔓延到亚洲和原住民自己的文化传承之间有机结合,就有了今天这个世界无论是欧美还是其他发展中国家的人士,纷纷来到亚洲,这儿恰恰是人类最悠久的农业文明得以传承下去的基础。

中国人在21新世纪之初重启了乡村建设,并率先提出了生态文明发展战略。

二、面向生态文明的转向

为什么中国的乡村建设比较容易国际化?为什么国际友人会纷至沓来?

有个例子可以说明。美国人文科学院90岁高龄的约翰·科布老院士几乎每年都来。前些年,他三次把我请到他那儿,把他的班子召集起来,让我给他们讲新世纪以来已经搞了十几年的中国乡村建设,讲中华文明为什么是乡土为基础的文明,现在为什么国家发展战略要整体上转向生态文明。他说:"我终于发现了引领世界生态文明的国家是中国,因为你们还有乡村。西方世界已经把乡村消灭了,中国经验太重要了。"科布先生最近每年被弘扬乡土文化的张孝德教授请到北京来参加"乡村文明论坛",还到大学去给大学生讲演,对他的采访上过新华社内参,被国家领导批示,在决策层有一定的影响。

全球化的结局一定是金融的全球虚拟化扩张造成的泡沫崩溃,这套分析我1996年东亚金融风暴之前跟美国席勒学会的领导人拉鲁旭谈过,2000年后跟世界社会运动的领袖萨米尔·阿明谈过很多次。他们都认同金融资本异化于实体经济,内在的排斥性的法西斯化一定导致金融资本内爆,就是金融资本全球化危机的总爆发,而应对全球化危机的主要方式是"在地化",我们新世纪重启乡村文明复兴,同期各国的社会运动都在走向乡土社会,在亚洲就是要把原住民社会的根留住。

后来,新世纪乡建的这套解释被介绍到了欧洲,我们与英国的舒马赫学院合作,与欧洲"转型城镇"运动合作,此外还跟具有改良性质的世界各国社会运动合作,尽可能回避激进冲突,因为21世纪的任何激进运动都是不能长期生存的。

我们有了今天乡建培养的先知先觉的这些人,演变成了大众化的社会运动,做了十几年之后看变化很大。不管主流怎么软磨硬泡,现在中央强调的生态文明,已经明令取消GDP考核,党的十八大以来整个官方体系转向生态化,把2007年在党的十七大上提出的生态文明发展理念到2013年变成发展战略。2017年中央一号文件强调"绿色生产方式",及新土改政策中的土地三权分置、四至界定、经营权转让,等等,主流也意识到过去的资本下乡造成了严重的环境破坏。

同期,工业化时代形成的制度体系无论怎样先进都会受到颠覆性的影响。

现在兴启的潮流是市民下乡,传统文化研究专家张孝德教授说:生态文明要搞PPP,农民结合市民。近年来乡建也有团队在搞众筹,参与众筹的是谁呢?其实主要是城市中产阶级,而不是大资本。为什么大家要用互联网呢?因为互联网天生具有大众参与上的公平性,这个工具被众筹及多种多样的参与方式利用起来,有利于市民下乡去和多样性传统文化、多样性生态资源天然结合。据了解,这个过程恰恰本身不是一个被动的过程,而是相对客观的、多方参与的。

总之,人们从过去被动接受资本化转为自觉参与社会化,恰恰是否定之否定。

而大家现在仍然感到困难的原因,其实只是因为20世纪亲资本政策的惯性还在。例如过去的政策鼓励资本下乡,有相当多的资源已经被资本名义上占有了;有的投资人跟地方政府签一纸合同,把山区的各个流域占有了,有的是包括山地和溪流在内的一条沟都被投资人承包走了。自然资源本来是乡村社区共有的,有些投资人没有交足额的全域资源长期占有的费用,有的也没有得到所有权和使用权主体的授权,没有客观上的合法性。因此,制度创新的领域还有相当丰富的空间。

在全球资本化走向资本全面过剩的主流趋势下,21世纪乡村建设发展的整个过程很有意思,成千上万各色人等冥冥之中就聚到了一起,近年加入乡建研究和实践的人越来越多,会发现在这个多样性社会的普通民众反倒不认同对抗性的激进两派。当中国这个大国率先转向生态文明的时候,沿海发达地区的地方官员会迅速学会一套话语,表述当地的生态化资源如何体现新的发展观,他们会迅速跟中央战略接轨,尤其是江浙一带,接着内地也会转向生态化建设。

三、建议

很多地方,乡建工作中的制度经验大同小异。大家基本上是"拿来主义",对这十几年我们先走一步探索出的做法,各地的项目都是包装进来为我所用。

经过了自2001年以来十六年的艰苦奋斗,当初参与乡建的年轻人都已人到中年,他们在第一个十年中一直磕磕绊绊,遭遇过相当多困难,第二个十年慢慢受到重视了。总之,在国家的生态文明发展战略的引领下,各项政策正在调适,乡村建设的局面正在好转。当务之急是各地要把每一个微观的经验尽可能地描述出来。乡建骨干中,有些也能够做到见微知著,各地做具体工作的人,脑子里也有点宏观大势了,这是很重要的进步。

在做项目或对具体经验做归纳时,需要注意以下三点:

第一个要做到的是清晰描述整个故事的来龙去脉,特别是把项目所涉及的不同主体在不同背景条件下的演变过程说清楚。例如,2004年开始的农业免税,对县乡村三级治理影响巨大,超过了具体当事人的反应能力。又如,2005年开始的新农村建设的国债投资十二年来史无前例地高达十几万亿,造成任何经济主体下乡都可能有巨大的"搭便车收益"——这是当前成千上万下乡创业和创新的人们真正意义的利润来源……

第二个要做到的是顶天立地,要跟中央的生态文明战略调整的需求结合。我们搞乡村建设十六年了,之所以能够在非常复杂艰苦的环境当中生存至今,就因为所有做法都穿靴戴帽,无论哪一任领导,只要有一个表述对"三农"而言是相对积极的,一定都要被我们拿过来放在帽子上,如同帽徽上有一个闪闪的红星,永远符合中央的这一部分政策要求,穿靴戴帽才能够做到顶天立地。

第三个要求就是要注意国际化。在推进国际化的过程当中,特别要强调自主性、引领性,坚持以我为主,才能够把穿靴戴帽的、政策配合的具体做法,变成更为积极的符合海外话语逻辑的解释,那就能够把多种积极因素包装到我们的工作中来。事实上,这个世界将会看到原住民社会的亚洲大陆如何在传统文化、在乡土社会资源的多元性、人文多样性的有机结合中,形成对21世纪人类文明发展的引领。

温铁军,2017年7月14日修改于福建省永春县生态文明研究院

第三节　CSA是什么

CSA(Community Supported Agriculture)是个外来缩略语,现在在生态农业和有机农业圈里已经广为接受,并受到了一些好评。

我对CSA确实也是有点情有独钟,这么些年来看到好多年轻人在师长们的支持和指导下为推动CSA牺牲了很多自己的时间,做了那么多的工作,真心是相当欣赏和钦佩的。

多数人习惯性地将CSA称作"社区支持农业",我也比较赞成,但我认为这个"社区"应该是双向的,而不是城市所专用的。消费者所在的地方叫城市社区,生产者所在的地方为何不能称作"农村社区"呢!Community这个英文词汇本身并没有城市与农村之分。我们所做的CSA绝对不是一种单向支持。一方面消费者通过支持生产者和消费促进了生态和有机农业的发展,农村社区无疑是得益了,但农民种出了生态有机产品,保护了大家赖以生存的生态环境,也保障了消费者的健康,这就是农村社区对城市社区的支持。我由此想到我们做生态农业、有机农业的人也确实应该具有这种始终将城市与农村

融合起来双向考虑的思路,而我们正在做和推动CSA的朋友们不正是在为这种融合做着不懈的努力吗!

有机产业已经进入3.0时代,体现出六大特征:创新思维、最佳实践、全价值链、透明诚信、包容合作、价真价实。对应到我们的CSA上,条条都是再确切不过了。

创新思维:对于第三方认证而言CSA就是一种创新,对于城乡融合、精准扶贫来说CSA也是一种创新,对于供给侧改革而言,CSA更是一种创新。以前不为人知,更很少被人接受的CSA正逐渐为大家所了解、所熟悉、所接受,不但得到了民间的认可,也正在逐步得到主管部门的关注和了解。

最佳实践:这一点在CSA上体现最深,因为世界各地的CSA有各自不同的做法,最终能站住脚的都是最切合当地实际情况和条件的模式和技术,也是最能被生产者和消费者双方共同接受的,这就是最佳的实践。这依靠的是CSA本身的选择性,而绝对不是靠外界强行推广所能实现的。

全价值链:CSA采取的是自产自销、生产者与消费者直接对接的模式,基本没有中间环节,一切都在自己控制之中,而互相支持和监督的机制又保证了从生产到消费的全过程的质量控制,从而更有利于确保产品的有机完整性和质量,这是CSA本身所具备的优势。

透明诚信:CSA这种产消直接对接的做法最有利于确保生产的透明度。消费者与生产者一般距离都很近,消费者可以随时来生产现场,与生产者之间像亲戚一样走动,这种自然状态下的透明,这种从骨子里透露出来的诚信,以及建立在双方理解和互信基础上的灵活性,正是第三方认证始终追求却较难实现的目标。

包容合作:CSA一般规模比较小,又散布在各地,各CSA之间很少存在竞争与矛盾,却有着很多共同关心的话题,因此他们互相之间的包容度是很大的。近十年来,每年都有数百名CSA从业者聚集在一起举办全国CSA大会,无私和开放地进行交流,这种现象在许多其他行业中很不容易看到。当然我们所说的包容和合作应该延伸到更大的范围,也就是CSA要做到与第三方认证以及其他有利于农业持续发展的模式互相促进、互为补充。

价真价实：CSA 的生产者和消费者在对生态与环境保护的认识方面普遍明显高于平均水平，双方对 CSA 的生态环境效益以及包括水气土和人类健康在内的大健康效益的认识也比较清楚，因此他们对于产品所存在的真实价值也就比较了解，加之 CSA 本身的特征是生产者与消费者距离近、交流多，所以农产品的价格往往是在双方协商的基础上确定的，更有利于做到价真价实。

CSA 是一种自下而上自发形成的生态农业和有机农业的生产与消费模式，是顺应发展规律的事物，因此是极具生命力的。目前国际有机界对 CSA 的认识越来越清楚，各方面的支持力度也越来越大，国际有机农业运动联盟（IFOAM）以及国际有机农业亚洲联盟（IFOAM ASIA）始终积极支持 CSA 在全球和亚洲的推广和普及，我们认为这是世界有机大家庭中不可或缺的一个重要组成部分。近年来，中国 CSA 的发展十分迅速，我们更是对此寄予厚望。真诚地祝愿中国的 CSA 继续健康稳健持续地发展，并在此基础上借鉴国际上的成功经验探讨在中国发展更为复杂和意义更为深远的参与式保障体系（PGS）的可行性和具体实践。

周泽江,2017年7月23日

第二章
中国CSA网络和CSA大会

第一节　CSA与城乡共建

CSA对于中国最大的价值,是终于在科普和道义上将农民与市民、农业与城市置于平等对话的位置,将国人对大规模现代化农业的崇拜回归到小规模生活农业的理性,将对食品安全的个人自救扩展到城乡共建(人与人、人与自然、城与乡的共生)的社会责任。

2003年,河北定州晏阳初乡村建设学院成立,致力于推动中国当代新乡村建设试验。同年,在社区伙伴(PCD)的推动下,CSA正式进入中国大陆。2005年,学院成立了生态农业工作室,开始与社区伙伴(PCD)合作,联合推动CSA理念在中国的落地试验与推广。

2008年,学院核心团队来到北京,在海淀区建立了"小毛驴市民农园";2009年,CSA试验启动,引发海内外强烈关注,CSA成为时代热点。CSA终于从小众走向了大众;乡建,也借由CSA,从孤独走上了热闹、从农村走进了城市及全社会的视野,这个过程是令人欣慰的。

如果说"小毛驴市民农园"是CSA在点上的爆破,那么,从2009年底开启的一年一度的全国CSA大会,则是CSA在面上的波澜壮阔。我有幸亲历了八届CSA大会,见证了其从无到有并发展壮大的整个过程,从策划、宣传再到执行,琐碎的细节,辛苦的熬夜,为大家服务的喜悦……如今,静下来品读《中国社会生态农业(CSA)大会历届回顾(2010—2016)》这本小册子,看着这些图文资料,感慨万千,往事历历在目。忘不了温铁军老师倡议举办第一届中国CSA大会的策略考虑与战略眼光,忘不了历届大会中我和我的伙伴——石嫣、潘家恩、严晓辉、袁清华、黄国良、钟芳,还有历届会务人员如宁纪霞(2009)、刘曦楠(2010)、陈玉梅(2010)、梅玉惠(2011)、史淑俏(2012)、崔国辉(2013、2014)、邱珊珊(2015)等小毛驴市民农园实习生的艰辛并乐在其中的勤奋工作,还有成百上千的发言嘉宾、参会代表及社会各界的热忱与支持……这些说不完的感动和背后的故事,都含着两个字——感恩!

作为民间力量主导的社会化生态农业运动,CSA大会有其自身的特点,并完成了它应有的使命。具体体现在如下几个方面。

一、参与的志愿性

本着CSA共担、共享的精神,每年的CSA大会是全社会新农人的一次总动员。为了搭建和维护CSA大会这个平台,小毛驴市民农园(及分享收获)每年冬天都要义务投入近十位工作人员、大量志愿者、前后两个月时间用于CSA大会的前期筹备、现场组织与后期收尾工作。八年来,参与发言的近500名国内外嘉宾,没有任何报酬,都是义务免费分享,很多人甚至自己承担食宿交通。每个参会代表,都只是象征性地支付300~1000元不等的参会费。在经费极为有限的情况下,通过大量志愿者的无私付出及众筹分担,才让每年的CSA大会得以低成本举办,也降低了参会门槛。这种志愿奉献精神是CSA大会的核心精神。

二、组织的多元性

第八届CSA大会,前六届分别由中国人民大学、同济大学、福建农林大学提供场地,后两届分别由北京顺义区政府、浙江丽水莲都区政府提供场地及部分费用支持,共有来自海内外政界、学术界、NGO界、企业界、农民(生产者合作社)、市民(消费者合作社)、媒体、学生等社会各界近5000人次参会,涉及三十多个国家,不分阶层、不唯学历,上至庙堂、下至平民,皆可发言,皆能参会,真正实现了官民、政企互动共赢,国际、国内相得益彰。

三、议题的丰富性

大会涉及的主题内容涵盖农业产业的方方面面,包括资金(众筹)、规划(设计)、团队(新农人、生产者组织)、技术(种植与养殖、种子保育、土壤培育、病虫草害防控、农产品加工等)、管理(生产管理、会员管理等)、传播(品牌、新媒体应用)、营销(互联网+、消费者组织)、服务(电商、物流)等,并延伸至农业的多功能性——包括观光休闲、文化传承、社区重建、食农教育功能等。CSA,促进了农业一二三产业的融合发展!

四、内涵的国际性及中国特色

CSA起源于欧美日,在中国化的过程中,从国际上引进、扩展了新的内涵,包括2010年CSA大会上引入的"农夫市集",2012年引入的"参与式保障体系(PGS)"和国际慢食协会的"慢食",2013年引入的日本守护大地协会"社会企业"经营模式和意大利米兰理工大学的"可持续设计"。当然,也有中国特色的表达,如在2012年CSA大会上启动的"爱故乡"(乡土文化)、2014年推出的"百年乡建",及至2015年大会主题定为"生态农业与乡村建设"——CSA本质上是"城乡共建",而非单纯的食品安全问题或"三农"问题。

CSA进入中国14年,CSA大会在中国8年,经过多年的发展,CSA已经融入中国城乡的肌理,为中国城乡可持续发展做出了自己应有的贡献。无论是"社区互助农业",还是"社会化生态农业",CSA在未来的征途中,应该有新的作为:在技术上传承中国传统农耕之道,在运营模式上深耕以农为本的生活方式,在社会关系上构建在地化(地域)、综合性的农服体系和生态文化与经济圈,我想,这也是中国CSA联盟的新使命。

黄志友,2017

第二节　中国CSA网络发展阶段梳理

过去八届CSA大会,源起于2009年团队创办小毛驴市民农园时期,因为很多人看到大量媒体对农场的报道慕名而来,而我们当时小小的团队实在应接无暇,和农场的几个小伙伴就商议,可以通过交流会的形式,让大家集中在几天内学习交流。就是这样一个简单的想法,形成了目前国内民间自发组织的、每年一届的CSA大会。而且,CSA大会变成了一个推动和构建国内CSA网络的平台组织,2017年初终于在北京市顺义区得到正式注册。

第一阶段:2003—2008年CSA的启蒙。

2003年,最早引入关于CSA讨论的晏阳初乡村建设学院和香港社区伙伴,推动了一部分社会NGO和高校学者对于城乡互动模式的探讨和认知,比较有影响的事件包括"教授卖大米"、"购米包地"、"大米定价听证会",这些事件为中国的城乡互动进行了启蒙,与此同时,国仁绿色联盟组织了合作社的小农与北京市的消费者,不定期进行团购和配送,并且在北京林业大学附近建立了消费者合作社商店,但没有持续地进行经营。

第二阶段:2008—2010年从小众走向大众。

2008年,在温铁军教授的倡议下,中国人民大学农业与农村发展学院与海淀区政府在凤凰岭附近建立了一个230亩的产学研基地,由晏阳初乡村建设学院的部分团队成员进行初期的基地建设,2009年初我和温老师的另外一名硕士研究生程存旺也加入到团队中,并一起命名农场为"小毛驴市民农园"

并以社区支持农业CSA的模式正式对外经营。同时,当年开发的劳动份额和配送份额的两种模式,也形成了对现在CSA两种基本模式的影响。这个阶段,CSA借助几百家主流媒体的宣传报道,在社会大众中形成了更广泛的影响力。

第三阶段:2010—2016年从试验走向实践,从高校走向社会。

越来越多的人开始尝试CSA模式,同时学界和政府也开始关注到CSA在全国的发展。2010年,由小毛驴市民农园发起,在中国人民大学举办了第一届全国CSA大会,自此,CSA开始走向网络组织形态。从2010年到2014年,前六届CSA大会都是在大学中举办的,包括中国人民大学、同济大学和福建农林大学。2015年,中国CSA联盟成功申办第六届国际CSA大会并得到了顺义区政府的支持并与第七届中国CSA大会同期举办,开创了由地方政府承办大会的先例。这次大会还得到了中央政府的关注,农业部也参与支持了此次大会,并在后续一些政策文件中体现了对于有机农业、CSA和青年返乡的支持政策。2016年,CSA联盟又得到了丽水市莲都区政府的支持,在丽水举办了第八届CSA大会。这两届大会的参会规模都突破了800人,并且每次CSA大会都与全国农夫市集同期举办,形成了CSA大会的模式惯例。

第四阶段:包容性发展,从种地、配送到农夫市集和参与式保障体系、共同购买。

由于每届大会参与的人数越来越多,大家希望探讨的内容也越来越丰富,早期在小毛驴市民农园里举办过"有机小市集"的活动,后来又在第二届CSA大会上开始尝试同期举办农夫市集,并且在之后将农夫市集从高校推广到社会,从艺术区开办到了北京市的商业广场和社区中心。北京有机农夫市集、北京从农场到邻居农夫市集、深圳农艺市集、上海依好农夫市集、贵阳农夫市集、西安农夫市集、好农场社区农夫市集、安徽和大连农夫市集等陆续在全国涌现,并且适合小农的参与式保障体系PGS作为一种由生产者和消费者共同参与对生产方式认可的体系,得到农夫市集和一些销售平台的推动认可。

一些由消费者或者社会企业、公益机构为主体建立的销售平台,倡导支持小农和公平贸易也越来越多,因此,CSA的概念从经典的种植配送发展到"社会生态农业"的包容性概念。

当然,这个阶段渠道也开始出现,并越来越多,而价格却逐渐被压低的现象,生产端缺乏有效的组织,而消费者组织起来后更加注重价格和检测,却忽视了与生产者的团结互助。生产者的组织这个部分是未来需要去加强的。

第五阶段:中国CSA网络参与国际政策推动。

从《分享收获:社区支持农业指导手册》开始,中国CSA网络与国际CSA网络建立了连接。2012年,我受邀代表分享收获农场参加了在美国加州举办的第五届国际CSA大会,并于之后几年代表国际CSA联盟URGENCI参与了联合国粮农组织的粮食安全委员会的政策制定工作,推动短链农业进入政策方向。一直以来,中国民间参与此类国际会议的机会较少,我们了解到国外对中国有很多误解,也渴望了解中国。我们走出中国,既是对于CSA和中国传统农耕文化的自信,更是对世界宣称中国有非常优秀的农人在从事生态农业的推动,希望未来"中国制造"给予国际更多信心。

CSA是人与人的关系,也是人与自然的关系,不像专利化系统一样,CSA模式是所有生产者和消费者都可以去实践的。十年来,CSA从一个理念、一个农场走向了全国和世界。未来,希望更多农人更有自信从事农业,越来越多消费者吃到健康的食物,让我们的环境可以永续。

石嫣

第三节　中国社会生态农业(CSA)大会举办历程

一、综述(回顾与展望)

21世纪初,在全球化、工业化和城市化急速发展之下,城市居民远离了土地,传统农业和农民生计受到严重冲击,传统农耕文化和人文关怀逐渐失落,自然生态遭受破坏,同时引发了食品安全危机和各类环境污染等问题。

起源于日本、兴盛于欧美的CSA是一种回归到为本地社区提供食物的小型农耕生产模式,农民和消费者互相支持,共担农业生产风险并共享收益。这种生产者和消费者直接互动、保护环境的农业模式,是可持续生产与生活的基石。

2003年以来,随着社会各界对食品安全与农业多功能性的普遍关心,在党中央、国务院关于生态文明与城乡统筹发展的有利政策指导下,在香港社区伙伴(PCD)等机构的努力推动下,CSA在中国落地生根,成为全社会探索生态经济、多元文化和社会管理创新的一股新潮流,有力地推动了中国城乡互助事业的发展。

2008年,北京市海淀区政府——中国人民大学新农村建设产学研基地"小毛驴市民农园"在海淀区苏家坨镇后沙涧村创立,2009年,小毛驴市民农园的"CSA试验",引发全社会强烈关注与学习。在中国人民大学乡村建设中心和小毛驴市民农园等团体推动下,全国社区互助农业(CSA)经验交流会自2010年1月起,每年举办一届(2010年举办了两届),致力于搭建全国生态农业与城乡互助实践者和研究者的民间交流平台与互助网络,推动社会创新、生态农业发展、食品安全、公平贸易、"三农"问题的缓解和城乡关系的改善。

长期将生态文明作为宗旨的中国社会生态农业(CSA)大会已经举办十一届,是目前中国规模最大和参与最广泛且持续时间最长的社会生态农业论坛,在国内外颇具影响力。社会化生态农业是农业供给侧改革的重要推动形式,也是通过生态扶贫实现全面建成小康社会的组成部分,通过十一年CSA大会的举办,发展了众多国内社会化生态农业的模式,如CSA农场、有机农夫市集、消费者合作社、食农教育,推广了慢食、爱故乡等理念,推动并凝聚了一大批懂农业、爱农村、爱农民的返乡青年,并提供了生态有机农业技术和市场的服务及合作组织的工作,号召消费者健康饮食、参与式监督,支持生态农业,推动城乡融合发展。

在过去的十多年里,全国CSA大会以自身的特色吸引了来自全国各地近

1000个团体、5000多位"三农"问题专家、生态农业实践者和研究者与会,其中发言嘉宾就达1000余名。

二、历届大会概览

(一)首届社区支持农业(CSA)与城乡互助经验交流会

图2-1 首届社区支持农业(CSA)与城乡互助经验交流会合影

会议时间:2010年1月8日—9日

会议地点:北京·中国人民大学

会议主题:城乡互助

参会单位:约70个

参会人数:约250人

主要议程:

1.主题汇报:"小毛驴市民农园"2009年度整体运作与经验总结

2.文明消费者联合宣言、健康农产品生产者联合宣言暨市民农业CSA农场联盟成立仪式

3.主题论坛一:生产、技术与管理

4.主题论坛二:流通、组织与社会信任

5.主题论坛三:消费、农业多功能性与社会参与

6.了解你的农夫——2010年北京CSA健康农场见面会

会议成果:

1.筹备成立"市民农业CSA联盟",为后来北京小农场集群奠定了基础,联盟成员成为北京有机农夫市集首批发起者;

2.产学研基地成果上报北京市委,得到北京市委书记的批示,为后来政府支持社区农业提供政策依据;

3.首届社区支持农业CSA大会,为CSA模式向全国范围的传播打开了窗口。

(二)第二届全国社区支持农业(CSA)经验交流会

图2-2　第二届全国社区支持农业(CSA)经验交流会合影

会议时间:2010年11月16日—18日

会议地点:北京·中国人民大学

会议主题:城乡互动与可持续生活(本次会议与亚洲农民论坛同时举行)。

参会单位:约120个

参会人数:约350人

主要议程:

1.亚洲论坛:"农民与农业可持续发展"国际研讨会开幕

2.中国人民大学—海淀区政府产学研基地2010年成果汇报暨大会主旨演讲

3.中国人民大学乡村建设中心—赵汉珪地球村自然农业研究院自然农业试验基地揭牌仪式

4.江苏省武进现代农业产业园—中国人民大学可持续发展高等研究院武进试验区揭牌仪式

5.国仁论坛：技术、生态与社区发展

6.主题论坛一：CSA多元化的组织形式

7.主题论坛二：政府、社会组织和个人的多重信任体系

8.圆桌讨论：CSA的困惑、经验与未来

9.主题论坛三：消费者合作的多方参与

10."有机农夫"走进象牙塔——有机市集高校行·人大始发站

会议成果：

1.常州武进综合实验区启动，大水牛市民农园、嘉泽书院等项目在实验区依次开展，政府和高校合作方式再次创新；

2.促成之后几期全国自然农业培训，自然农业技术开始在国内流行；

3.举办第一届全国范围的农夫市集，推动消费者合作组织在国内兴起。

（三）第三届全国社区支持农业（CSA）经验交流会

图2-3 第三届全国社区支持农业（CSA）经验交流会合影

会议时间：2011年10月6日—8日

会议地点：北京·中国人民大学

会议主题：新农夫·新城乡

参会单位：约220个

参会人数：约450人

主要议程:

1.全国新农夫市集暨小毛驴市民农园2011年丰收节

2.大会开幕式暨中国人民大学——海淀区政府产学研基地2011年成果汇报

3.大会主旨演讲及《分享收获:社区支持农业指导手册》新书发布

4.分论坛一:生态文明与百姓生计

5.分论坛二:食物公民

6.分论坛三:沃土良食——技术的探讨

7.分论坛四:农场规划与经营

8.经验分享:CSA的多样化生存

9.分论坛五:寻找原味

10.分论坛六:农业的多种功能

11.分论坛七:生态企业与小农生产者

12.分论坛八:新农夫市集的兴起

13.大会闭幕式暨CSA高峰论坛

14.自由论坛:收获·分享

会议成果:

1.社区支持农业在全国流行;

2.《分享收获:社区支持农业指导手册》中文版发布,成为CSA小农场的经营指导手册;

3.举办第二届全国新农夫市集,农夫市集从北京蔓延到全国。

(四)第四届全国社区互助农业(CSA)经验交流会

图2-4 第四届全国社区互助农业(CSA)经验交流会合影

会议时间:2012年11月30日—12月1日

会议地点:北京·中国人民大学

会议主题:爱生活·爱故乡

参会单位:约270个

参会人数:约500人

主要议程:

1.大会开幕式暨中国人民大学—海淀区政府新农村建设产学研基地2012年成果汇报;国内社区互助农业的发展与创新、观光休闲农业的现状与展望之主题汇报

2.大会主旨演讲

3.分论坛一:乡土社区的现代化进程

4.分论坛二:生态农场的经验与创新

5.圆桌讨论(一):生态农业互助网络的思路、建设与推动

6.分论坛三:市民组织与消费者参与

7.分论坛四:社区规划与农业设计

8.分论坛五:青年返乡与农业创业

9.分论坛六:适用技术与传统农业

10.大会闭幕式暨CSA高峰论坛

11."爱故乡—发现故乡之美"图文征集活动发布仪式

12."生态农业互助网络"成立仪式

13.圆桌讨论(二):农业新力量(资本、IT、物流)——社会企业的创新途径

会议成果:

1.将"慢食"概念引入新农业。

2.筹备成立"生态农业互助网络"

3.在全国范围内发起"爱故乡"活动

4.国内农业社会企业开始兴起;PGS参与式保障体系成为新农业热门话题

(五)第五届全国社区互助农业(CSA)暨有机农业经验交流会

图2-5 第五届全国社区互助农业(CSA)暨有机农业经验交流会合影

会议时间:2013年11月1日—3日

会议地点:上海·同济大学

会议主题:新三农·大设计

参会单位:约200个

参会人数:约400人

主要议程:

1.开幕式、主题汇报、大会主旨演讲

2.分论坛一:多元主体与参与式保障

3.分论坛二:乡土文化与生态文明

4.分论坛三:农业安全与可持续农法

5.公开论坛·跨界对话(一):当农业遇上设计

6.分论坛四:新农业发展路径与全产业链营销

7.分论坛五:大设计视角下的城乡关系

8.闭幕式暨CSA高峰论坛;大会总结

9.公开论坛·跨界对话(二):让农业回归社会

10.生态之旅:崇明生态农场参观;生态创业青年论坛

会议成果：

1.首次将全国CSA大会在北京之外的城市举办，进一步扩大影响，突出跨界、拓展与创新，通过"新三农"联手"大设计"，从文化、社会层面深度探讨"三农"问题和城乡关系；

2.举行社会创新与可持续设计（DESIS）联盟"西南大学实验室"和中国人民大学可持续发展高等研究院—昆山城市建设投资发展有限公司"昆山产学研基地"揭牌仪式，进一步推动"三农"与"设计"领域的跨界合作和华东地区的CSA产学研共建。

（六）第六届全国社区互助农业（CSA）大会暨第二届中国"爱故乡"论坛

图2-6　第六届全国CSA大会暨第二届中国"爱故乡"论坛合影

会议时间：2014年12月5日—7日

会议地点：福州·福建农林大学

会议主题：新农业·新故乡

参会单位：约150个

参会人数：约300人

主要议程：

1.开幕式、主题汇报、大会主旨演讲、"2014爱故乡年度人物"颁奖典礼

2.分论坛一：多功能农业与区域可持续发展

3.分论坛二：CSA融资新途径与社会参与

4.分论坛三：参与式保障体系的本土化实践

5.分论坛四：生态创业的力与困

6.分论坛五：回到社区——生计融于生活

7.大地之眼·影像农业/乡村——纪录片放映会

8.闭幕式暨CSA高峰论坛

9.2014爱故乡生态文化节:爱故乡·大地民谣音乐会、首届福州农夫市集、厦门快乐农夫市集暨参与式保障(PGS)交流会、营前模范村与中国乡村建设学术研讨会暨第四届平民教育论坛、中国百年乡村建设图片巡展(福州站)/"2014爱故乡年度人物"事迹展/福建罗源县守善村书法摄影展。

会议成果:

1.首次将全国CSA大会办到省会城市,举办了"首届福州农夫市集",揭牌成立"全国生态农业互助网络厦门快乐农夫市集试验点",推动了东南部地区CSA的发展;

2.完成生态农业的国际理念(CSA)与本土化"乡村建设"的融合;

3.正式推出"中国百年乡村建设"图片展和纪录片;

4.策划组织了第一届"爱故乡生态文化节"。

(七)第六届国际CSA大会暨第七届中国社会农业(CSA)大会

图2-7　第六届国际CSA大会暨第七届中国社会农业(CSA)大会合影

会议时间:2015年11月19日—21日

会议地点:北京顺义区·阳光丽城温泉度假酒店

会议主题:生态农业与乡村建设

参会单位:约300个

参会人数:约800人(其中国际嘉宾80人)

图2-8　第六届国际CSA大会暨第七届中国社会农业(CSA)大会主题海报

大会定位：

1.对中国十年CSA运动的总结回顾

2.CSA、生态农业与乡村建设成果的综合展示与经验教训探讨

3.对中国城市与乡村发展的反思展望

主要议程：

1.开幕式、主题汇报、《CSA在中国》视频放映、大会主旨演讲：为什么CSA作为有机农业和生态农业的一种典型模式,有利于地球环境的可持续发展

2.国际分论坛一：CSA与自然科学(CSA与生物多样性、CSA与气候变化)

3.国际分论坛二：CSA生产管理(如何启动并成功运营一个CSA农场；通过多样化的CSA生产方式,培育土壤,保持农场生态健康)

4.国际分论坛三：CSA生产者圆桌讨论(生产技术,配送种类,配送数量与轮作种植方法；与经验丰富的CSA农人就融资与市场营销问题开展小组讨论)；CSA组织(CSA的微观社会功能是如何实现的)

5.国际分论坛四：CSA与社会凝聚力(如何将CSA构建为安全的网络；通过CSA活动积极支持社区建设)

6.国际分论坛五：CSA网络(CSA网络的发展；URGENCI领导下的区域网络发展历程)

7.国际分论坛六：参与式保障体系PGS与CSA；CSA国际化运动

8.国内分论坛一:乡村建设的理论视野与实践创新;社会企业与农村可持续发展

9.国内分论坛二:农耕复兴、乡村再造,中国莲都发展新探索;食物安全与可持续生活倡导

10.国内分论坛三:低碳创新——中国返乡青年的CSA从农路径;通过耕地保护支持下一代农民;

11.国内分论坛四:文化寻根与乡村复兴;休闲农业与乡村旅游

12.国内分论坛五:CSA农场生产种植对话(有机肥、生物农药和种子的管理;优食良种——多元育种机制与种子流通网络的中国经验);CSA农场生产养殖对话(生产计划、饲料安全及废弃物处理)

13.国内分论坛六:构建社区复原力——合作社作为载体的生态农业;乡村社区营造

14.国内分论坛七:参与式保障体系(PGS)与社会农业的本土创新之路;CSA农场生产如何建立与会员的信任关系

15.国内分论坛八:互联网+农业

16.闭幕式,中国乡建RRPGS宣言及揭牌仪式,中国社会生态农业CSA联盟揭牌仪式

17.国际社区支持农业联盟委员会内部会议、好农场App产品发布会、中国乡村建设与PGS总结汇报

18.全国CSA农夫市集,2015年世界各地本土食品展、米展论坛——米·养·人

会议成果:

1.会议的准备工作得到了中央领导的关注,汪洋副总理接见了会议主要筹办者石嫣博士并进行了两次批示;

2.世界CSA大会第一次在中国举办,共有78位海外代表参会;国际CSA联盟发布了CSA宣言;

3.温铁军教授提出了农业4.0的社会生态发展模式;

4.中国乡村建设参与式保障体系(RRPGS)宣告成立;中国社会生态农业CSA联盟宣告成立。

(八)第八届中国社会生态农业(CSA)大会

图2-9 第八届中国社会生态农业(CSA)大会合影

会议时间:2016年12月1日—3日

会议地点:浙江省丽水市莲都区 东方文廷酒店、在水一方、利山村

会议主题:中国智慧·养生农业

参会单位:约300个

参会人数:约1000人

主要议程:

1.开幕式、主题汇报、大会主旨演讲、《四千年农夫》再版发布、中国社会生态农业CSA联盟加入联合国契约组织典礼

2.分论坛一:生态农业种养技术(茶、蔬菜、水果、稻米、免耕覆盖与自然农法、养殖)

3.分论坛二:六次产业(生态农产品加工包装、农业社区设计、民宿休闲产业、食农自然教育)

4.分论坛三:公平贸易和市场营销(互联网和电商、消费者合作社、参与式保障体系PGS、CSA会员制与共同购买、合作社参与社会生态农业);

5.分论坛四:青年返乡;生态扶贫;生态农业与养生智慧

6.分论坛五:良木长青、生态延年——丽水山茶油研讨会

7.分论坛六:基于协同、共享的安全食品双层保障体系及消费者合作网络建设

8.闭幕式暨中国社会生态农业CSA联盟会员招募

9.2016年全国CSA农夫市集

会议成果:

1.中国CSA大会第一次在非中心城市召开,第一次将会址搬到了农村;

2.莲都区与中国人民大学签署长期合作协议,力图将生态农业人才引进莲都、推动莲都经济发展和城市文明形象宣传;

3.在这次大会上,全国农业企业、合作社代表尤其是莲都区本地代表共同见证社会生态农业CSA联盟代表中国生态农业加入联合国契约组织,实践契约组织所倡议的遵守人权、劳工标准、环境和反腐败四个领域十项原则;

4.《四千年农夫》修订版再版发布;

5.中国社会生态农业CSA联盟正式注册,开始会员招募。

(九)第九届中国社会生态农业(CSA)大会

图2-10　第九届中国社会生态农业(CSA)大会合影

会议时间:2017年12月29日—31日

会议地点:贵州省铜仁市碧江区铜仁国宾馆、碧江区人民会堂、傩文化博物馆

会议主题:生态扶贫·乡村振兴

参会单位:约300个

参会人数:约1000人

主要议程：

1.开幕式、主题汇报、碧江区宣传片、《有种有种》视频放映

2.大会主旨演讲一：定价政策与流程以及消费者的参与

3.大会主旨演讲二：乡村社区与朴木学校发展历史

4.大会主旨演讲三：历届CSA大会的回顾及联盟会员招募介绍

5.大会主旨演讲四：生态文明与乡村振兴

6.大会主题论坛一：韩莎琳产消合作精神 中国的CSA现状及未来

7.大会主题论坛二：如何构建一个地区性PGS的体系 PGS如何借鉴第三方有机认证

8.大会主题论坛三：洪东乡村社区与朴木学校发展历史 一二三产融合和四生农业

9.大会主题论坛四：第二次上山下乡——社会组织参与生态社会发展模式 新乡贤工作在乡村振兴、文化凝聚的落实方案

10.大会主题论坛五：两型农业与一懂两爱 有效管理比情怀更重要

11.大会主题论坛六：不要以工业化思维搞生态农业 有机1.0到3.0

12.大会主题论坛七：种子的失落和回归——探索发现与建议 分享收获CSA农场技术与模式的变迁

13.大会分论坛一：小毛驴市民农园十周年回顾与展望

14.大会分论坛二：CSA农场面对突发事件的紧急处理及团队管理

15.大会分论坛三：新零售下的生态生产——消费关系

16.大会分论坛四：返乡青年如何更好扎根农村

17.大会分论坛五：产消合作社工作坊

18.大会分论坛六：生态农业技术论坛（一）（水稻、蔬菜、水果、茶叶、种子、中草药、养殖）

19.大会分论坛七：乡村振兴与可持续发展

20.大会分论坛八：生态农业技术论坛（二）（生产、管理、技术）

21.大会分论坛九：优食良种——多元种子系统与可持续食物体系的构建

22. 大会分论坛十:社会组织参与生态社会发展

23. 大会分论坛十一:生态扶贫的困境及化解

24. 大会分论坛十二:中国社会生态农业联盟实施全国性PGS认证可行性探讨

25. 大会分论坛十三:CSA生存

26. 大会分论坛十四:城市农耕与食农教育

27. 大会分论坛十五:生态农业品牌与传统农耕文化

28. 大会分论坛十六:生态农业技术论坛(三)(土壤、环境、有机肥)

会议成果:

1. 中国CSA大会第一次在国家扶贫重点区域和革命老区召开;

2. 碧江区与参会NGO组织签订长期合作协议,力图将生态农业人才引进碧江,招人引智;

3. 在这次大会上,CSA联盟联合100位社会各界有识之士发起"有种有种"倡议,发布生态同行者计划。

(十)第十届中国社会生态农业(CSA)大会

图2-11　第十届中国社会生态农业(CSA)大会合影

会议时间:2018年12月13日—14日

会议地点:四川省成都市郫都区战旗村妈妈农庄

会议主题:乡村振兴　绿色发展

参会单位:约120个

参会人数:约1000人

主要议程：

1. 大会主题论坛一：生态文明与乡村振兴高峰论坛

2. 大会主题论坛二：社会生态农业的未来高峰论坛

3. 大会主题论坛三：中国社会生态农业大会十周年

4. 大会主题论坛四：促进社会生态农业繁荣发展——主要问题、经验、政策

5. 大会分论坛一：CSA与田园综合体——郫都区乡村博览园规划建议

6. 大会分论坛二：农业生态多样性和气候变化

7. 大会分论坛三：创新市场、食物体系和城乡互动

8. 大会分论坛四：生态农业、健康与营养

9. 大会分论坛五：气候变化背景下传统生态文化系统的活态保护与创新利用

10. 大会分论坛六：如何培育"一懂两爱"人才·国际交流工作坊

11. 大会分论坛七：CSA农场管理技术论坛·有机粮食和蔬菜

12. 大会分论坛八：CSA农场管理技术论坛·有机茶果

13. 大会分论坛九：CSA农场管理技术论坛·生态养殖

14. 大会分论坛十：如何重建人与食物连接——多元视角

15. 大会分论坛十一：生计替代与环境友好产业发展

16. 大会分论坛十二：CSA最新研究成果分享会

17. 大会分论坛十三：CSA农场管理技术论坛·农民适用性农业技术论坛

18. 大会分论坛十五："好农场"专场发布会

19. 大会分论坛十六：食农教育

20. 大会分论坛十七：乡土田园可持续规划设计

21. 大会分论坛十八：如何培育"一懂两爱"人才

22. 工作坊：构建亚洲地区CSA网络

会议成果：

1. 大会充分展示了成都市生态农业发展领域新成绩，为成都市实施乡村振兴推进城乡融合提供新方式，为城乡社区发展治理提供新模式；

2. 成都市郫都区政府集中签订了多个生态农业产业重点项目;

3. 有效汇聚了一批乡村振兴领域权威专家学者,邀请来自巴西、日本、泰国等10多个国家和地区的受邀嘉宾达200余位;

4. 社会生态农业CSA联盟与成都天府绿道建设投资集团有限公司、成都市天府源品牌营销策划有限公司等机构签署战略合作协议,通过大会吸引几十亿投资落地成都市郫都区。

(十一)第十一届中国社会生态农业(CSA)大会

图2-12　第十一届中国社会生态农业(CSA)大会合影

会议时间:2018年12月14日—15日

会议地点:广东省肇庆市乡村振兴学院

会议主题:城乡融合·绿色发展·乡村振兴

参会单位:约120个

参会人数:约800人

主要议程:

1. 大会主题论坛一:生态文明、美丽湾区、乡村振兴高峰论坛

2. 大会主题论坛二:国际生态农业合作社高峰论坛

3. 大会主题论坛三:生态资源价值化与新型集体经济

4. 大会主题论坛四:CSA+PGS省级合作社汇报会

5. 大会分论坛一:肇庆市鼎湖区乡村振兴投洽会

6. 大会分论坛二:CSA农场运营管理专场

7. 大会分论坛三:有机农技专场·种植

8. 大会分论坛四:城乡融合·可持续食物体系创新设计

9. 有机农夫市集经验交流会暨专场培训会——如何"赢得"消费者:品控·聚合·传播

10. 大会分论坛五:有机农技专场·养殖

11. 大会分论坛六:食农教育、食农医养专场

12. 大会分论坛七:土壤、种子、气候变化与生物多样性

13. 大会分论坛八:全国生态农业合作联社业务分析会

14. 大会分论坛九:有机农技专场·加工品

15. 大会分论坛十:绿色发展·CSA生产者与市场

16. 大会分论坛十一:一二三产融合专场

17. 大会分论坛十二:有机农资专场

会议成果:

2019中国CSA行业报告发布;

全国社会生态农业CSA省级产消合作社成立、亮相。

CSA在中国的典型案例解析

第一节 社会化生态农业(CSA)的内涵

社会化生态农业侧重从生产到餐桌的整个环节生态化和短链化,内涵更加广泛,社会化农业通过各种社会化服务,有效地把各种现代生产要素注入到生产经营之中,不断推进农业生产专业化、商品化和社会化,其中包含了有机农业、自然农业、生物动力农业、永续农业等。CSA农业模式相比都市农业和社会农业有着更强的社会参与性,CSA强调生产者和消费者的互动关系,生产者满足消费者对于新鲜、安全和本地生产的食品的需要,消费者通过预先付费的方式保障生产者的权益,在消费者和生产者之间形成了良好的城乡互动关系。

一、城市农业趋势——社会农业的兴起和演化

社会农业即替代农产品体系(Alternative Agri-Food Networks,AAFNs)或者替代食物体系(Alternative Food Networks,AFNs)代表着一种对食物生产、流通和消费的空间重构(Respatialization)和社会属性重构(Resocialization)的努力。替代食物体系一方面与主流食物体系在生产方式上有所区别,主要包

括有机农业、自然农业、生物动力农业、永续农业等;另一方面在流通环节有所区别,主要包括CSA、农夫市场(Farmers′ Market)、消费者合作社(Co-Ops)、观光农业(Agri-Tourism),强调从生产到餐桌的整个环节生态化和短链化。

(一)本地化(Localization)

消费者对于健康和环境的关注,以及对于工业化食品体系给健康带来影响的反思,考虑到长链食物供给对环境和健康的负面效应,消费本地食品经常被视为对环境关注的一种反应。

(二)公平贸易(Fair Trade)

替代食物体系中的各种形式不是同时发生的,但却有累积的效果,在西欧、北美和世界上其他的国家在转变和多样化现代食品。这个过程创造了经济和文化的空间,有机、公平贸易、本地和高质量、特产食品与那些主流食品生产者和零售商是不同的。AFNs通过新的形式流通,平行于主流渠道,例如慈善商店、食品合作社、农夫市集、社区支持农业或者箱式蔬菜等,这种形式在英国超市市场占有 70%甚至以上的有机产品销售份额。

(三)市民农业(Civic Agriculture)

市民农业是以本地为主的农业和食品生产的标签,是伴随着社区为基础的农业和食品生产活动出现的,不仅仅满足消费者对于新鲜、安全和本地生产的食品的需要,而且提供就业机会,鼓励企业家精神,增强社区认知。市民农业将生产和消费活动在社区内凝聚在一起,并且给消费者提供真正的对于商品化生产的、加工的、大型企业生产的产品的替代。

(四)社区支持农业(Community Supported Agriculture)

CSA 中文译作社区(社群)支持农业,在英文里的这个表达具有社区与农业互助的含义。社区支持农业中的"社区",与我国城乡中的居民委员会、村民委员会等行政区域所表达的概念不同。

(五)慢食运动(Slow Food Movements)

1986 年,慢食运动起源于意大利,最初的宗旨是保护优质的地方性食品和美食带来的快乐以及推动一种慢节奏的生活。慢食运动的命名是对在世界上快速蔓延的快餐食品的针锋相对的反应,它提倡一种不着急的生活方式(檀学文,2009)。

(六)团结经济(Solidarity Based Economy)

社会经济常常试图补充或赞美现存的社会秩序,而团结经济则提倡使用更具改造力的手段解决经济行动主义的问题。在哥伦比亚,团结经济是在国家的合作化运动中出现的,这个概念被认为是可以把合作主义置于一个更广泛、更有政治意义的、建立不同的经济模式的视野之中。在智利,经济学家路易斯·拉泽托(Luis Razeto)将团结经济这个概念拓展得更宽广、更理论化,将其视为经济横向设置的"部门",包含的企业多种多样但享有共同的"经济理性",即合作与团结。

(七)食物主权(Food Sovereignty)

"食物主权"理念及行动,是民间对于由庞大的食品帝国控制的世界农产品生产流通市场的反抗。据统计,全球80%的食物市场被五家跨国公司控制。这些食品帝国垄断控制着全球食物由生产到加工、运输、销售等各个环节,形成一个上下游贯通的全产业链格局,在农产品(食品)生产流通市场拥有绝对的话语权,规定和操纵着农产品(食品)生产流通的规则和方式,甚至食物的概念和品质,以"看不见的手"建构消费者的消费习惯,影响消费时尚。

二、城市农业的实践类型

(一)个人努力

1.乡村小院种菜

李老师2010年由于身体严重的过敏症,开始关注自己的食物来源,经过一番资料查找,她发现北京昌平有个带土地的小院在出租,这个小院大概600平方米,李老师希望能感受一下自己种菜和乡村生活,吃上可靠的蔬菜,于是就租下了小院一年的使用权,每周都坚持去地里种菜。

2."空运"鸡蛋的钟先生

钟先生把石嫣制定的小毛驴市民农园的会员招募方案打印了很多份,在自己小区的每个单元宣传栏上都贴了一份,并且还策划了一次参观活动,组织十几户有意向成为会员的社区居民到农场参观。随后,钟先生在小区组建了一个配送点,安排成为配送会员的几户家庭轮流到农场取菜,然后将所有人的菜统一带到小区的物业,其他家庭再到物业取菜。

3.市民菜园租地种菜

北京市民林女士认为自己种出来的菜才是最安全可信的,而且还要找能够提供技术服务和管理服务的专业土地租种农场。除了自己种菜,感受农场提供的休闲服务也是一种很重要的价值,而且很多人一起种地还可以沟通交流,所以也是一种社交的需求。

(二)企业供给

1.万科大米团购

万科物业通过对业主群体的意见征询和实地调研,最终选择的第一款"特供产品"是有"中国最好的大米"之称的黑龙江五常的稻花香大米,并联合中粮作为合作伙伴,在微信平台发起试吃员招募的计划。

2.爱守心农场

搜狐畅游公司旗下在北京密云有一个农场,名字叫作"爱守心"。农场源起于畅游公司某高管对于食品安全的关注,希望提供给员工更健康、安全的食品。

3.巨山农场

位于北京西郊的巨山农场隶属于国营的北京首都农业集团公司。巨山农场位于一些工厂和四个高尔夫球场附近,因一直保持极度低调,以致当地一些居民都没有意识到它的存在。

(三)CSA农业

温铁军、何慧丽等学者2006年发起的"购米包地"、"生态大米定价听证会"活动和2007年发起的"国仁城乡互助合作社"、"国仁绿色联盟"都是社区支持农业的雏形。与此同时,香港社区伙伴机构(PCD)和其他一些社会组织也开始在内地推动小农户做生态农业,其中包括:成都河流研究会从2007年开始以治理农业面源污染为出发点,号召四川成都郫县(现郫都区)安龙村村民转变化学农业种植方式为生态农业,几经波折形成了9户农民参与的生态农业种植小组,并以CSA的模式销售农产品;广西横县(现横州市)、贵州流芳村等乡村也在NGO项目经费的支持下开始转向生态种植模式。2008年,小毛驴市民农园以社区支持农业形成农场参与式保障系统,并在短时间内吸引了社会特别是媒体的广泛关注。

三、作为城市农业之一的CSA农业

(一)释义

社区支持农业(Community Supported Agriculture,简称CSA)的概念在20世纪70年代起源于瑞士,并在日本得到最初的发展。当时的消费者为了寻找安全的食物,主动与那些希望建立稳定客源的农民携手合作,建立经济合作关系。

(二)CSA发展现状

"社区支持农业"在中国有很多不同的名称,也被称为"城乡互助"或者"社区农业"、"社会农业"、"社群支持农业"、"社区支援农业"。"社区支持农业"是相对最为广泛使用和传播的叫法,在学术研究中,也被称为"巢状市场(Nested Market)",其市场结构类似于蜂巢的"巢状结构",或者"短链农业(Short Chain Agriculture)"。

替代性食物体系网络正在中国迅速展开。据小毛驴市民农园不完全统计,截至2021年底,在北京、上海、深圳、广东、广西、重庆、四川、福建、辽宁、山西、山东、陕西、浙江、湖南、湖北、内蒙古、河南、河北、云南、贵州等地出现了约1000家CSA;农夫市集也逐渐被公众所认识,并通过媒体迅速发展,如北京有机农夫市集、北京从农场到邻居市集、上海依好农夫市集、南京原品农夫

市集、常州大水牛有机农夫市集、广州"城乡汇"农夫市集、成都"绿心田·生活汇"农夫市集、成都生活市集。另外，消费者也正在以独特的方式形成组织并发展壮大，如北京市民有机考察组、北京消费者面对面、苏锡常健康消费考察组等。其他社会力量也参与到替代食物体系（AFNs）的发展中来。

在小毛驴市民农园之前，一些CSA的实践项目就在香港社区伙伴（PCD）基金会的支持下于广东、广西、贵州和成都等地开展。一些有识之士也在北京和上海等国际化大都市开创了以有机生产和会员购买形式的农场，如北京的天福园、德润屋、绿牛农场和上海的百欧欢。

小毛驴市民农园是北京市海淀区政府和中国人民大学农业与农村发展学院共建的产学研基地。2009年底，由小毛驴市民农园倡导并成立了市民农业CSA联盟筹备委员会，开始构建全国的CSA网络。

1.市民个体或者合伙作为生产主体发起的CSA

如重庆合初人，北京天福园、德润屋、芳嘉园、圣林，厦门土笆笆等，在全国诸多CSA农场中占绝大部分，主要集中在一、二线等经济发达的城市，市民凭借丰富的城市社会资本构建CSA关系，投资生态农业有利于农村社区的可持续发展和农民增收。

2.政府、高校、科研院所等官方机构发起的，带有试验性质的CSA

如北京小毛驴市民农园和常州大水牛市民农园，尽管数量较少，但是借助高校的社会资源形成了广泛的社会影响，并通过媒体、培训班、会议等形式推广CSA。

中国农业大学人文与发展学院受德国EED基金会资助，在北京和河北的几个村庄中发展"巢状市场"项目。项目村庄包括北京市延庆区珍珠泉乡八亩地村以及河北易县杜岗村、桑岗村、宝石村。学校项目组提供的服务包括：协调参观村庄、活动安排，并提供免费交通；监督农产品质量；协调农产品的配送；定期组织与农民朋友的交流互动。

3.NGO发起的CSA

如上海生耕农社，尽管完全由NGO发起并操作的CSA案例还不多见，但是NGO在CSA发起和运作过程中发挥重要作用的案例却为数不少,如自然之友河南小组参与河南郑州大草帽市民农园,成都河流研究会参与安龙村CSA,香港社区伙伴(PCD)参与包括小毛驴市民农园在内的广东、广西、贵州、四川、北京的多家CSA,NGO的经费和社会关系都对CSA运作起到积极作用。

4.餐厅与有机小农或农场直接联系的CSA

如杭州龙井草堂、柳州爱农会、北京"吃素的"餐厅等,餐厅凭借强大的购买力支持有机小农和农场的生产,成功树立品牌的农场也可择机参与有机餐厅运作。

5.政府发起的CSA

如浙江丽水市和遂昌县在当地范围内发起的,由小农和市民直接对接的CSA。

6.由小农及合作社作为生产主体的CSA

如国仁绿色联盟、河北安金磊、成都郫都区安龙村、北京大兴活力有机菜园、山东济南我家菜园、河南兰考南马庄、贵州流芳村、广西横县陈塘合作社与三叉合作社。小农发起CSA模式的优势在于不需要支付土地租金和过高的劳动力成本而实现低成本的有机农业,劣势在于缺乏资金及社会资本,不利于构建城市直销渠道。

7.其他

此外,还有NGO、企业等发起的有机农夫市集,市民组成的消费者组织等其他相关形式,构成了中国的另类农业与食物网络。

四、CSA发展前景

(一)挑战

小农场基本上以生产生鲜初级农产品为主,这类产品的产量受到外部因素影响较大,如天气、病虫害、管理等,一旦产消匹配度不高,则损耗非常大。目前CSA农场面临的是生产、会员招募和会员管理三方面的困境。

首先,现在经营有机农场的主体和实际生产者即当地传统农民双方对于种植标准和理念不统一。农场经营者有理念但无生产技术,当地农民有技术但缺乏对有机农业的认知,若经营者并不生活在耕作范围内,则可能出现农民并不能完全严格按照有机农业标准操作的可能性。

其次,消费者虽然需要更安全健康的产品,但对于产品真实性和价格敏感度是很高的,特别是在这几年中还出现个别几家农场借用CSA的模式快速融资扩张导致破产将会员预付费用卷走的事件,更是破坏了原本就稀缺的信任。

再次,当产消初步建立信任之后,农场后续的服务和管理成为这一信任持续建立的关键因素。

CSA农场首先生产是否能够遵守产消双方约定的生产标准,同时还要将生产信息尽可能透明地传递给消费者。很多消费者对于有机农业存在着不同理解,很多农场通过经常组织会员活动或者开放日,增进与会员的沟通,从而有效地构建"社区"。

(二)机遇

中国现阶段的CSA农业具有"白炽灯效应",由于有机农产品具有一定的环境保护的附加值,生产和消费过程建立在产消双方高度信任的基础上,这个信任就是以个人为核心信任范围,即一个白炽灯灯光所能照射到的范围是有限的,是以灯泡为圆点向外发射的一个圆弧圈,灯光的照射范围是根据每个人信任范围而定,每个白炽灯就是信任的节点,但是信任的范围是有限的。这些背景,给予了CSA发展的机遇,因为CSA本身强调生产者和消费者直接建立信任关系,生产者并不是一味满足消费者对于产品品相的要求,也不把产量作为农业生产第一位考虑的要素,收益比较稳定,消费者理性消费,了解生产过程,节制"方便和随时吃到所有季节、地区的食物的欲望",双方由于没有中间环节,都获得了更多直接的收益。

五、社会生态农业CSA模式运作城市

截至2021年底,在北京、上海、深圳、广东、广西、重庆、四川、福建、辽宁、山西、山东、陕西、浙江、湖南、湖北、内蒙古、河南、河北、云南、贵州等地出现了约1000家CSA。

第二节　CSA在中国的典型案例

一、社区与农业互动案例分析

"分享收获"农场

(一)农场简介

"分享收获"社区支持农业(CSA)项目是由石嫣博士创建的一个致力于研究、推广社区食品安全的项目,该项目同时也是中国人民大学和清华大学社会学系、中国农业大学的实践基地。

分享收获自2012年5月份启动以来,经过四年多的发展,已经在通州区西集镇马坊村拥有60亩蔬菜种植基地和110亩林地养殖基地,在顺义区龙湾屯镇拥有50亩蔬菜种植基地和230亩果树基地,在黑龙江五常拥有60亩大米种植基地。

(二)推广社区支持农业CSA理念和实践

关于社区支持农业CSA。

三个核心目标:加强市民与农民的关系,保障参与生态农业的收入,改善食物安全现状;

三个市民承诺:提前预付费用,与农民分担自然风险,参与农场活动;

三个农民承诺:生产多样优质食物,生产过程透明,推动社区食物安全;

三个相互承诺:直销、当地、友好。

2006年开始,石嫣在中国人民大学跟随著名的"三农"问题专家温铁军做农村发展方面的研究,2008年到美国明尼苏达州地升农场实习,参与式研究CSA模式。2009年初,她在中国人民大学和海淀区政府共建的产学研基地上开始实践CSA模式,并与团队共同创办"小毛驴市民农园",第一次系统地向社会推广CSA模式,翻译了《分享收获——社区支持农业指导手册》,并于2011年完成中国第一份关于CSA模式的博士论文《替代食物系统的信任机制研究》,2011年石嫣博士毕业并到清华大学社会学系做博士后研究,与此同时开始创办"分享收获",2014年9月她完成出站报告《都市食品安全运动:四种类型》,并从清华大学博士后流动站出站。

"分享收获"顾名思义,我们认同"分享"的理念,希望越来越多生产者和消费者直接建立CSA模式,也因此,分享收获团队于2015年11月承办了第六届国际社区支持农业大会暨第七届中国社会农业大会,此次会议有近800人参加,2016年11月承办了第八届中国社会生态农业大会,这两次大会对社会均产生了很大的影响。与此同时,分享收获还通过透明生产过程,开放参观等方式提供各地感兴趣的人学习的机会。

分享收获倡导健康的生活方式,服务于农业生产者及消费者,并尝试推进农村的可持续发展。我们生活于乡村,工作于乡村,价值开始于乡村,也留于乡村!

真实的食物,真正的农夫,真诚的社区,致力于搭建一个信任的桥梁,让消费者真正享受到健康安全的食品,让生产者得到公平合理的收益,促成安全食物社区的构建与发展。

1.继承和发扬中国农耕文明

石嫣、程存旺夫妇联合翻译了《四千年农夫:中国、日本和朝鲜的永续农业》,这本书写于1911年,1909年美国的土壤局局长金博士来到东亚几个国家,看到我们的农耕文明的状态时,引起他对于美国大农业模式的深深反思,他认为东亚小农耕作、循环多样的农业模式是永续的。美国工业化农业模式则带来了对环境和农人的双重负外部性。此书也成为现代有机农业运动的思想启蒙。几千年来中国农耕文明是当时美国人学习的对象,过去三十年中国集约化农业带来的问题,反而是我们学习资本化大农场模式造成的结果。

2.培养懂技术、会经营的返乡青年和新农人

分享收获每年的"新农人"计划招募5—10名实习生,他们将在农场至少学习八个月,了解分享收获的理念,学习农场耕作技术和运营管理,农场还不定期提供短期志愿者机会,让那些希望体验农耕工作和生活的人也有机会近距离了解CSA。

3.建设倡导健康饮食和食农教育的"分享收获大地之子学园"

大地之子学园以食农教育为目标,将城市家庭与农业和土地连接在一起。分享收获的果园基地中拥有非常好的生物多样性,被定位为青少年"食与农"教育的学习基地,分享收获与海嘉国际双语学校、博识幼儿园、呼家楼中心小学、清华大学附小、人民大学附小、顺义东风小学等学校建立了合作关系。一方面,分享收获的食农教育老师可以到学校授课并协助学校开辟校园菜地;另一方面,学校师生也可以到大地之子学园现场开展教学,更近距离接触食物来源。

(三)生态农产品配送服务

分享收获目前自有蔬菜生产基地全年生产约60个品类的蔬菜,生产标准遵循国际有机生产标准,通过良好的田间管理,最大程度减少病虫害发生的概率,并每年对土壤和蔬菜进行抽样检测。目前,分享收获为约1000个家庭进行配送,很多会员家庭已经跟随石嫣博士吃菜长达四五年时间,这也是分享收获倡导的互信提携的关系的重要体现。

(四)有机农业、生态农场技术、运营有关项目咨询

给全国希望从事CSA的小伙伴们提供付费和公益的咨询服务,曾经给搜狐畅游农场输入农场经理人,与天津中建公司合作天津中建分享收获基地,为浙江丽水莲都区组织农场经理人培训,与此同时,每年全国来参观咨询的还有数百个项目。

(五)支持与生态、环保、教育有关的社会公益活动,倡导简单生活方式

积极参与社会公益活动,分享收获是阿拉善协会SEE创绿家资助项目,石嫣博士也是银杏基金会的伙伴,关注社会弱势群体,每年进行数十场公益讲座。分享收获与消费者、农人们共同倡导简单生活的理念,并且跟北京市关注打工群体的公益组织同心互惠商店合作,分享收获消费者的大量二手服装和物品得到再次利用。

北京"小毛驴市民农园"

(一)成立背景及基本情况

2008年,北京市海淀区农林工作委员会与中国人民大学乡村建设中心决定依托各自资源,启动以"市民参与式、合作型生态农业"为核心的产学研基地,借鉴"农业三产化、社会化"的国际经验,创建了"小毛驴市民农园"试验项目。小毛驴市民农园位于海淀区苏家坨镇后沙涧村村西,占地130亩,由中国人民大学乡村建设中心下属非营利性企业国仁城乡(北京)科技发展中心(这个团队的主要成员,都是致力于新农村建设的大学生,持续参与推动了当代中国乡村建设和生态农业试验)负责管理运作。

小毛驴市民农园在生产方式上采用自然农业技术,尊重自然界的多样性,遵循种养殖结合的原则,全部为有机生产,未使用任何化肥、农药、除草剂和化学添加用品,其中种植以蔬菜为主;在经营模式上借鉴国际发达国家普遍采用的、较为成熟的社区互助农业(CSA)的公平贸易理念,推动"市民下乡",倡导消费者与生产者"共担风险、共享收益",为市民提供蔬菜配送和菜地租种服务,让市民参与到生态农业的实践与推广中来,全年服务会员过1000家。

(二)运作模式及主要做法

1. 开辟租赁农园,发展体验农业

租赁农园又称劳动份额,集蔬菜种植、儿童教育、周末休闲、老人养生等

功能为一体,是农业多功能性的重要体现,也是农业"三产化"的典型形式。

具体做法:市民在农园承租一块30平方米的农地,并预先支付一年菜地租金和农资费用。农园提供工具、种子、水、有机肥等农资和必要的技术指导等服务,市民依靠自身劳动在菜地上种植自己喜爱的当季蔬菜,体验农耕乐趣,收获健康农产品,并参加农园组织的各类活动。如果市民没有时间管理,可以委托小毛驴市民农园管理,多出来的费用由市民承担。

劳动份额是小毛驴市民农园的一项基础业务,深受市民欢迎,每年保持在400户左右。

2.开展蔬菜配送,促进产消对接

蔬菜配送(又称配送份额):订购农园自产的健康蔬菜,享受安心的家庭餐桌。打造"本地生产、本地消费"的产消共同体,让生产者和消费者直接对接。

具体做法:预先支付下一季蔬菜份额的全部费用,农场按照预定计划负责生产各种健康蔬菜和其他农产品(含畜禽肉蛋),并与物流公司合作,定期定量配送给市民家庭,实现生产者和消费者的直接对接,确保食品安全。生产过程产生的各种风险由双方共同承担。市民可以不定期参与农园的劳动体验活动,并监督农园的农业生产,以确保农产品的品质。

配送份额是小毛驴市民农园结合社区互助农业(CSA)推出的一项创新业务,8年来,累计为北京市2000多个市民家庭提供了200多万斤有机蔬菜。市民参与配送份额的数量,2009年为37份,2010年为280份,2011年为460份,到2012年则升为620份。至今保持在每年400份左右。

3.培养农业人才,推进理论研究

从2008年起,每年从全国招募10个左右青年人。他们大多数并非涉农专业,通过实习,让农园成为年轻人接近农村、接触农业的"中介"。9年来,小毛驴市民农园培养的9期总计100多名新农人已分布在全国各地,成为各地发展CSA的带头人和返乡农业创业的重要力量。他们曾先后发起或参与了广东沃土工坊、河南归朴农园、福建故乡农园、北京分享收获、浙江梅和鱼等多个CSA项目。此外,每年暑期,农园都会接待来自中国人民大学、中国农业大学、北京农学院、福建农林大学、山西农业大学、香港岭南大学等高校大学生志愿者参与为期2个月的农园生产劳动和建设。8年来总计约200名学生受益,很多学生毕业后继续在农业领域深造、工作及创业。

4.传播农耕文化,吸引公众参与,打造独具特色的市民休闲体验场所

小毛驴市民农园利用优美的农业环境与丰富的教育资源,积极探索都市型现代农业实现形式,深度开发农业生活教育功能,展示、传承乡村文明和农耕文化,实践可持续生活。

2011年,小毛驴市民农园开辟"田间学校";2012年,推出"亲子社区";2014年,开辟儿童乐园;2016年,建设小动物乐园……开始专业化开展农业科普与家庭农业教育主题活动,家长可以和孩子一起认识植物、认识动物,动手做手工、制作美食、自制木制玩具,或者晒太阳、欣赏风景、享受亲子时光。8年来,通过与中小学校、城市社区、企事业单位、亲子教育机构合作,累计共举办大小农耕体验活动约500场,参加人员近2万人次。

农园每年都会组织各种农业节庆主题活动,如开锄节(4月,从2010年开始),立夏粥(5月)、端午节(6月)、中秋节(9月),庆祝收获的丰收节(10月,从2009年开始),与生产者见面的有机市集等,每次节庆活动都有上千人参加。2011年4月的开锄节,参与人数高达2500人,8年来累计参与人数至少5万人次。此外,农园针对自然教育、都市农耕、食品安全等内容还开办相应的课程,使市民与生产者互动,达到在娱乐中长知识、在参与中强体魄、在分享中增友谊的目的。

从2009年起,农园针对小毛驴市民农园CSA成员编印《小毛驴市民农园CSA简报》《田间地头》等内部刊物,向市民和社会参访人员累计发行约2万册,为CSA的实践与理念推广留下了宝贵的一手资料。

5.搭建先进生态农业适用技术研究与应用推广平台

为推广生态适用技术,引导有机小农、农村合作社及各类型农场向可持续农业转型,2011年5月、8月,2016年6月,小毛驴市民农园先后举办了三期

全国自然农业技术培训班,培训学员 120 名;2013 年 3 月、8 月,2014 年 4 月、8 月,2015 年 4 月,先后举办了五期全国 CSA 培训班,培训学员 200 名;2013 年 7 月,举办了首期全国永续生活工作营,培训学员 20 名;2015 年 6 月,举办第一期全国农场经理人培训班,培训学员 35 名。此外,还先后到北京市城区居民小区、北京顺义、河北顺平等地现场,为市民和农民合作社社员开展小型农业技术培训活动,受益学员约 100 人。上述活动累计培训学员约 475 名。小毛驴市民农园与美国、印度、泰国、韩国、日本,中国台湾、中国香港等十多个国家、地区的生态农业实践团体建立了友好合作关系。

8 年来,农园先后接待包括各地政府官员和海内外团体 10 万多人次的参观、考察和学习,超过 400 家海内外媒体正面报道塑造数千万的品牌价值,在小毛驴市民农园模式的带动下,全国以 CSA 模式运作的农场已超过 500 家,社会、生态和经济效益显著。目前,农园已经初步形成一个包含有机农产品产销、市民租地、生态农业示范、参观体验、社会参与认证、培训教育、人才培养、技术研发、环境保护、理论研究与政策倡导等多领域的综合农业发展平台。

鉴于该项目创造性地贯彻了中央十七届三中全会关于发展"资源节约、环境友好型农业"的指导思想,在形成以上工作基础的过程中,市、区、镇三级政府和有关部门一直非常重视这个与农业安全和群众参与式管理都相关的自主创新项目。CSA 内涵的生态性、本地性、互助性等原则,客观上已成为各地政府在构建两型社会和加强社会管理创新两个方面可资借鉴的重要模式。

北京"有机农夫市集"

(一)创立

2010 年,日本艺术家植村绘美和她的加拿大籍丈夫联合了从事有机农业多年的北京当地小农场最早发起了"农夫市集",当时的市集只是她研究行为艺术的一个组成部分,旨在表现"具有艺术性的农业生产"。创始人介绍:常天乐是市集最早的一批志愿者之一，她曾在中国日报担任财经记者，2006年开始为《中国发展简报》英文版进行社会发展和公益组织的研究与报道。2009年，她加入美国的非营利机构"农业与贸易政策研究所"（Institute for Agriculture and Trade Policy，简称IATP）并回到北京负责中国的项目，开始研究中国的食物系统。现在她是北京有机农夫市集的召集人，和同事以及许多志愿者一起管理市集。

（二）经营内容

举办市集占一大部分，市集最开始以一两个月一次的频率进行，现在已经能做到一周举行2~4次、一年超过150场市集，周末两天市集都会在城市的不同地区开集（海淀区、东城区、西城区、朝阳区），每周则会在商业区或办公区推出主题稍有不同的市集，比如春秋季每周二中午在三里屯那里花园的中庭举办"农夫市集的好朋友"，根据这个休闲娱乐区域和商业区域的人流特点，相对减少了生鲜产品的数量，售卖更多即食食品以及其他产品，比如天然化妆品、手工草木染纺织品等。

除此之外，也经常通过举办分享会、讲座、农友餐桌等活动来加强消费者和生产者的互动，邀请学者来分享他们的研究成果。

（三）目标客户

市集目前的收入来源有三个部分：(1)农友赶集金，2013年5月，市集开始向农户收取场地费用。生产者被分为三个不同等级：微型生产者，家庭农场/作坊，农业生产者和大型企业。按照规模大小和性质，每月每户收取一定的场地费用，从2012年开始随着农夫市集的吸引力逐渐提高，开始有商业地产付费邀请他们前往设立市集。(2)社区店，2013年底北京有机农夫市集在三元桥的一个小区内开设了名为"集室"的社区中心，除了每天营业的社区生鲜店，还兼有办公、举办活动的功能。(3)大宗团购，在时令产品大规模上市的时候，市集和社区店可能都不能很快消化掉一批产品，尤其是草莓、樱桃等保质期短的水果。讲求新鲜的作物就适合通过预定、团购的方式快速大量销售掉。

北京有机农夫市集的目标客户主要有：符合参加市集标准的农户、商场、小区等商业地产、北京白领和外国人消费者、微博微信等社交媒体的粉丝好友。现在每次开集顾客都超过1000人，其中大部分是年轻人，白领居多。

(四)运营手段

常天乐加入后为市集开通了微博，通过几位时尚圈知名人士的转发，最终形成了一个比较稳定的顾客群。最初市集所有的工作都由志愿者完成：寻找和联系场地、联络有机农户并前往考察、开集时维持现场秩序，直到收集后的卫生清理。

随着市集初期两三年的快速发展，对管理能力的要求也越来越高，纯粹靠志愿者组织并不是一个可持续的办法。所以在经过两年半相对松散的志愿性质的经营之后，北京有机农夫市集决定往更规范化的方向探索，确立摊位收费标准，制定准入机制，并制定自己的参与式保障体系来解决信任问题，等等。

北京有机农夫市集坚持对要求加入市集和已经加入市集的农户和农场进行检查，如：有没有使用添加剂，是不是手工制作等。项目如何参与社团考察，目的是尽可能多了解农户的生产情况，了解他怎么做这个农场，他怎么理解有机，再具体到种子、肥料、饲料来源，防治病虫害的方法，动物的生活空间和密度，是否使用大棚，对于加工类的商户，则要看有效互动、给社区带来哪些价值。

(五)理念

北京有机农夫市集发起市集"二手袋"项目，后来又推出"打酱油"、"打洗发水"、"打洗碗液"活动，希望可以减少日用品的包装消耗，三年间减少了大约20万个袋子的使用。另外倡导垃圾分类，支持本地小农，缩短食物里程，鼓励人们选择天然日用品等，大大提高了人们的环保意识，保护了社区环境。

通过对小农生产过程的介绍，举办每周一次的"市集沙龙"，请国内外专家、农友、消费者围绕可持续农业与食品开展对话与交流，培养大家有机生活的理念，增加有机农业相关知识。

(六)食物

改变市集消费者的食物体系,使他们可以购买到安全食材,有位顾客说"三元桥凤凰街是离我最近的,这就成了我一周饭食的来源地,没有市集的时候,就去旁边的集市买,也很方便"。

(七)生活习惯

现在每次开集的顾客都超过1000人,其中大部分是年轻人,他们甚至把市集当作一个休闲娱乐的地方,朋友小聚时吃完饭不想去娱乐场所,就一起来赶赶集。或者参加一次沙龙讲座,或者一次农户的拜访考察,都是很健康的习惯。

(八)社区参与方式

北京有机农夫市集会在自己的微博、新浪博客、微信公众号发布每次的活动时间、地点、市集情况及消费者反馈等信息。市集在海淀区、东城区、西城区、朝阳区等区域举办,直接在小区或购物中心开集。社区店和团购也是社区的一种参与方式。

目前,北京有机农夫市集每月会组织若干次农户拜访活动,和其他生产者、消费者、技术专家、媒体和NGO等相关人士一起前往农场,监督的同时也帮助农友提高技术和管理水平。社区还可以参加市集举办的讲座、分享会、农友餐桌等活动,加强交流。

(九)优点

北京有机农夫市集具有一定的权威性,消费者信赖,农户的东西在市集上比较容易卖出去,主要有三大优点:

第一,开集范围大。海淀区、东城区、西城区、朝阳区都有市集的举办地,市场大,而且农户也由北京当地的农户扩展到天津、河北一些地区。

第二,宣传力强。市集有自己的微博、微信、Facebook等宣传平台,也有中央电视台、北京电视台、人民日报等知名媒体的报道。还创立了可持续农业与食物传播平台"食通社"。

第三,规范化。包括准入、市集秩序、卫生管理、收费制度、参与式保障体系等越来越完善,服务水平较好。

另外,还有外来投资,盈利模式促进市集可持续发展。

北京回龙观"绿之盟"妈妈生活馆

(一)创立

"绿之盟"妈妈生活馆位于北京回龙观社区,是由一群妈妈共同创办的食品安全分享平台、一个倡导健康生活品质的社群。"绿之盟"的创始人之一、总负责人苏西妈曾在IT公司做文职工作,婚后成为全职妈妈,2010年和几个比较熟悉的妈妈一起开始下乡租地种菜,在保证孩子食材来源的同时,也给他们提供了一个能够奔跑玩耍、亲近自然的空间。

2010年,苏西妈和朋友们开始寻找京郊的生态农场,每周去农场取菜,运到回龙观的小区中摆摊分享,面向人群基本都是来自芭学园幼儿园的家长,给大家提供了诸多便利,而这种行动完全是公益性质的。

这样持续了小半年之后,天气转凉,苏西妈便和另外五位妈妈一起出资租下了回龙观龙跃东五区3号楼的一个底层商铺,店铺面积大约百来平方米,没有临近任何商业区,往来人群基本都是同一个小区的居民。

为了扩大影响力,2012年苏西妈曾经尝试在周末举办"慢农市集",一些合作农场,包括德润屋、天福园、衡荣生态农场等,在周末固定时间段来回龙观摆摊,和居民们面对面交流。虽然市集为"绿之盟"带来了一些新会员,但是从前期的准备、商家招募到活动现场的管理都很耗费精力,而"绿之盟"本身就人手紧张,不久后这个市集就停办了。

(二)经营内容

"绿之盟"店内蔬果、粮油、调味品、茶饮、酒水、干果、零食、天然护肤品等一应俱全。另外也会组织会员家庭一起去农场开展亲子农耕活动,或是邀请农人来到回龙观社区举办小型的沙龙。

(三)运营手段

1.食品安全监控

"绿之盟"的产品都有明确的来源,纯草农庄的蔬菜、四川柠檬君的柠檬、今朝农场的柴鸡蛋、乐和仙谷的山楂卷……大多产品是由"绿之盟"和农场直接对接,在"绿之盟"刚刚成立的2010年,苏西妈曾经将大部分时间用来考察农场,为了找到没有化肥农药、除草剂、抗生素、激素、生产地相对洁净的产品,她亲自寻访全国各地的农场和企业,但对于"绿之盟"的供应商来说,有机认证不是必须的,农场主的品格和公开透明的生产方式是更重要的评判标准。目前,"绿之盟"有两百来种产品,这当中也有一些并非来自苏西妈亲自考察过的基地,农业专家将有技术合作的有机农场推荐给她,已经是供应商的农场也会很热心地向苏西妈推荐自己信任的同行产品。

2.购买方式

社区店。由于有多个供应商,因此即使在冬天,新鲜蔬果的品种还是能够达到三四十种。会员查看完微信每周发布的菜单后,回复姓名、选购产品的种类及数量,就可以完成订购,"绿之盟"鼓励会员到店面取货。

微信团购。回龙观以外的会员和非会员通过关注"绿之盟妈妈家"订阅号进行团购,因为没有自己的配送车,"绿之盟"通过快递给他们发货。

3.宣传方式

"绿之盟"有自己的博客、微博和论坛以及微信订阅号,因为人手短缺,疏于管理,目前主要依靠微信公众平台发布每周生鲜订购信息。

4.目标客户

创立之初,"绿之盟"的会员主要是同一个幼儿园的家长,90%的会员都是相互认识的,因为共同的教育理念和对生活品质的需求而形成了一个真正意义上的社区。2012年通过"慢农市集"会员圈子扩大,到后来通过微博、微信、博客等平台的宣传推广,以及加盟商的招募,还有平时的沙龙、考察等活动,目前已经发展为以回龙观为中心,分支机构辐射到全北京及天津河北的有机食品及生活用品配送中心,拥有以妈妈为主的会员近千名。

(四)参与方式

苏西以及很多会员家庭的孩子都在华德福学校读书,会员妈妈们之间相似的理念使得她们和"绿之盟"之间产生了比较强的黏性,而通过参与沙龙活动、农场探奇、做志愿者工作,或者在自己家中设立提货点为大家服务的过程,会员的参与度都得到了提高。

(五)优劣势分析

优势:起始规模小,会员之间90%相互认识,黏性较大;拥有自己的门店,容易加盟复制,扩大在其他地区的影响力;顾客群体明确,都是以妈妈为主,方便沟通,管理。

劣势:宣传不到位,微博、博客都疏于管理;管理不到位,缺乏人才;对于产品来源的监督、管理不够规范,有一些会员是通过他人介绍的。

二、项目与社区互动案例

深圳"有机农夫市集"

(一)市集定义和缘起

深圳农夫市集(以下简称市集)是在深圳市生态农业促进会有机联盟领导的,深圳市河亩生态农业有限公司具体运营的,为良心生产者和品质消费者搭建的一个交流和沟通平台。市集旨在倡导不使用化学农药、化学肥料、转基因种子、激素和添加剂的生产方式,既帮助生态农场和农户找到安全适合的流通渠道,也帮助关注食品安全的市民找到安全放心的食物,减少流通环节,构建生产者和消费者互动互助的替代性农产品流通模式。

(二)市集形式

市集是一个活动平台,市集现场将会有农场主的生产种植成果展示、传统工艺的手工品的制作、天然食材的零距离接触、品牌厂商的特色产品试吃、消费者俱乐部的介绍、公益组织的活动等。

市集准备期间发动志愿者们在深圳各个小区或广场、商场选取面积合适的空地,志愿者们通过微博微信和博客等发布市集预告,现场用深圳农夫市集的统一帐篷、桌椅进行场地布置,并摆放市集的宣传物料和农场的宣传物料,在固定的时间内邀约一部分符合市集要求的农场和商户进行集中展示宣传,农夫们和小区内的市民们直接对话交流,志愿者们现场也进行自然农法和健康食材的宣讲。

在市集之外,也将会组织消费者以农耕文化体验为主的农场生态游和亲子活动以及自然教育活动,农场主和消费者之间的分享交流会如环保酵素的制作、面包制作、健康食材、健康生活方式的读书分享会等,自然农法研究和推广为目的的行业交流会,中医养生和营养膳食为内容的健康课堂,农业生产、农产品制作加工相关的科普知识讲座,等等。

(三)市集参与者描述

生产者(大学生村官、返乡务农的创业青年、践行餐桌自救城乡互助的城市新农人和生态农业的理想先行者):关心环境、健康和可持续发展,拒绝使用化学农药肥料,践行自然农法或者按生态农业有机标准生产种植。

消费者:包括农产品健康消费的个人和家庭,消费者健康消费的团体组织,各种有意实践"替代性农产品流通模式"的现有组织比如妈妈群、业委会、车友会等。

此外,还有关心食品安全、环境保护、农村发展乃至公平贸易的媒体、政府组织、NGO、意见领袖等。

(四)市集农场商户特点

农场都是中小规模,负责人都在生产一线,拒绝使用化学制剂和转基因种子,对生物肥和有机肥使用情况做出承诺,都不是拥有巨大规模和巨额资本投入的家庭农场,愿意公开生产信息,希望消费者和NGO、媒体等第三方组织参与监督。

品牌企业都是国内农业龙头企业,拥有较强的科研实力和大规模的自有生产研发基地,在某个农产品领域拥有行业领先的技术标准或者符合出口市场的严格标准。

商户都是拥有原产地农货、山货、土特产的一手货源,产品采购有详细的记录或者购销合同和产地证明,在其他集市或者商城已经实现一定的销售,并有消费者使用的客观评价。

(五)市集的"商业逻辑"

消费者的参与加上 NGO 等第三方的参与,使这种监督成为常态,这是一种强大的威慑力量。毕竟农场是开放的,现今的检测也不是只有专业机构才有,一旦违背承诺,证据唾手可得,在如今互联网时代,一个社交平台就能瞬间让一个品牌和个人信誉崩溃,让造假成为一件极具风险的事情。

市集是引导消费者反思和生产者觉醒的沟通平台,也是消费者利益的保护者和生产者的监督者之一,更是参与式保障体系(PGS)的践行者。这里不仅仅是沟通和售卖平台,也不仅仅是农场农户推广 CSA 模式的补充方式,更是一个广泛凝聚了同一类消费者的社区,是广大中小农户和商家的品牌塑造厂。因此,让追求本真食材的同一类的消费者和提供安全放心食材的中小农户及生产者相聚一场也就成了市集的立足之本,这就是市集的"商业逻辑"。

(六)市集的现实意义

中小农户的生态农业生产种植作业方式无论成本和人工投入都要高于化学农业,其价格自然也就不能与普通农产品等量齐观,其产品属性决定了不能与普通农产品走一样的流通渠道,不能再被环环相扣的流通商、渠道商压榨,进而提高售价摧毁这一模式,更需要消费者发起餐桌自救的实际行动来亲身参与,比如国外成型的 CSA 社区支持农业模式、健康食品团购模式、消费者合作社模式、农夫市集模式等。

农夫市集作为替代性流通模式之一,可以让小农和正确的消费者市场直接对接,使其良性互助,可持续的收入和有尊严的生活让农户对自己的生产更有自主性,消费者对自己的选择拥有更多的权利,如食品更安全,降低了环境成本,也善待了生产者。

香港"大埔共同购买小组"

(一)简介

香港"大埔共同购买小组"是一个很有意思的,以家庭主妇为主体的小团体。小组负责人李启娟在2002年参加了嘉道理农场"有机大使"计划,得以与有机食物结缘。2003年开始与其他志同道合的朋友尝试推动共同购买,并于2004年正式与大埔运头塘仁爱堂社区中心合作、借用其场地,开始了大埔共同购买小组运作。小组没有得到任何资助,运作靠义工支援。小组强调与本地生产者建立公平、友好的合作关系,支持本地安全生产的生产者,追寻可持续的生活之道。

(二)运作模式

大埔共同购买小组每周订菜一次,每周四上午10点至12点是既定的取菜时间,实际上义工早上9点前就要来做准备。取菜的人很多,工作琐碎密集。3个人按单分菜、派菜;2人收钱找零记账;1人记录当天新的订单,同时记下个别反映农夫或菜的问题、建议;1人负责有机干货的销售;2个流动人员,随时帮忙包装,看到新脸孔会马上迎上去热情服务。当天记录的所有资讯或问题,晚上还会有义工梳理清楚,发到网络上供大家查阅;个别事情还要特别电话联系沟通。维持共同购买小组的日常运转,靠的就是这些无私的义工。

大埔共同购买小组组员,当初也只是普通家庭主妇,对有机农业不理解。前期花了很多时间,通过很多讲座、有机饭局、参观农场等活动,带大家慢慢认识有机农业背后的大循环,在不公平的主流贸易中消费者与生产者都很受伤;认识到买有机菜不光是多给点钱这么简单,而是同时帮助了他人,帮助生态恢复,最后也是帮助自己!明白这个道理后,买菜就带着感情,不会对农夫有诸多挑剔,学会理解、接受。

义工是经过认真考察后挑选出来的具有责任心、对有机理念理解得比较深入的积极会员,他们组成了小组的核心。当义工唯一的福利就是以成本价(减去运输费)买5斤菜。由于家庭事务已经很多,小组的工作又很繁琐,当义工其实也是对精力与毅力的挑战,所以核心的、长期在做的一般就十几个人,但这样也使小组的工作更有持续性、更有保障。这些核心成员将成为大埔共同购买小组以后独立运作的主力。

蔬菜的价格是主妇们同农夫面对面商量出来的,很透明。

已有约700人次曾参与大埔共同购买小组,约有50至60名活跃的组员。要顺利分配农友送来的蔬菜,小组每周四都需要8至10名义工到社区中心协助诸如布置场地、收菜分菜及收银等工作,8年(2004—2012)下来曾协助小组运作的义工约有50名,核心义工则有15名左右。新入会员必须参与一次"共同购买分享会",以确保她们认同小组的理念;除此以外,小组亦会定期与会员探访农友,增进彼此的了解。

(三)发展历史

2000年前后,嘉道理农场及香港特区政府渔农自然护理署分别大力推动有机种植,香港的有机农民人数激增,但有机蔬菜销售的市场仍未建立起来,农民的产出苦无出路。

2002年嘉道理农场开始举办有机大使课程及其他消费者教育活动。

2003年4月,香港特区政府成立可持续发展基金。

2003年9月,个别有机大使在太和妇女中心办共同购买活动,后因与中心有路线分歧,暂时停止。

2003年11月,嘉道理农场举行第一次社区支持农业研讨会。

2004年开始,部分NGO向可持续发展基金申请拨款,让下属机构推动共同购买项目。

2004年11月,有机大使终于在大埔找到新的落脚点,由一个NGO借出地方(仁爱堂在大埔运头塘村的青少年服务中心),于是正式命名为"大埔共同购买小组"。

2005年,嘉道理农场与一个NGO及一个半官方机构合办全港第一个定期的农墟(市集)。

2006年,嘉道理农场出版《从三斤半菜开始》,介绍当地11个共同购买的故事。

2009年，嘉道理农场与几个NGO联合举行"香港共同购买何去何从研讨会"（当时应邀出席交流的CSA有12个）。

2006—2010年，不同类型的CSA最蓬勃的时期（高峰期有20多个）。

2012年，全港CSA数目大约是七八个，定期的农墟有6个。

重庆农夫市集

重庆农夫市集在南岸区上海城小区开市，搬桌椅、布置场地、摆放农产品及特色食品……农产品及食品生产者为农夫市集做相关准备。

参展的物品及食品全部是纯天然材料，生产者也皆为家庭式作坊、手作爱好者、农民合作社、家庭联盟等非企业性质单位。重庆农夫市集是一个为生态农户和消费者服务的公益组织。

各生产者带来了自家出产的"绿色"蔬菜、水果、肉制品、特色食品、粮食以及一些自制的手作，面向消费者销售。农夫市集旨在为消费者提供健康安全的食材，同时为一些中小型农户提供一个免费的销售平台。

生产者首先要保证提供安全的食材，所有商品均由本地或周边地区生产，且均为非长途运输。另外，农夫市集还成立市民考察小组，考察生产基地，监督市集买卖，及时通报不符规定的产品或机构，并受理公众举报。

注重购物体验，增进生产者与消费者之间的感情成为目前农夫市集一大特点。

就需求而言，消费者渴望获得价廉物美的农产品；在生产方，尽管不少地区都建立了农村合作社，但生产绿色或有机农产品的农户规模小，商超等常规渠道又受制于门槛高而难以进入，迫切需要适合自身特点的销售平台。

农夫市集旨在搭建一个平台，让从事有机农业的农户能够和消费者直接沟通、交流，既帮助消费者找到安全、放心的产品，也帮助农户拓宽市场渠道，鼓励更多农户从事有机农业，从而减少化肥和农药带来的环境污染、维护食品安全、实践公平贸易。

"一个承诺不在生产中使用化学制剂的农夫组成的市集，追求生产者和消费者之间的有机联系"成为农夫市集的显著特征。

把农夫市集看成民间餐桌自救运动不为过,现在食品安全事故频发,如何找到健康、安全的食材,是每个人都关注的。农夫市集的出现,除关注安全外,也是对目前国内农产品流通体系建设的一种创新。

杭州有机生活体验馆

杭州城西政苑小区和枫华府第以及耀江文萃苑的有机生活体验馆是结合24节气美食、农夫市集、城市农耕、有机食品、有机蔬果销售、有机餐饮的健康美食生活体验馆。馆内设有果蔬区、有机餐饮区、生态肉类区、休闲食品区、化妆品区、进口食品区、有机食材水吧糕点区、五谷杂粮区等,产品涵盖了米、面、粮油、肉、禽、蛋、奶、调味品、滋补品、蔬果、干货、零食、茶酒等有机生态食品。

在体验馆内,既可以选择到可被信任的食材、随24节气变化的菜单;用餐之余,还可以购买到当地小农户的有机产品或公平贸易产品;更有精彩活动穿插其中,如:厨艺示范、生态建筑、有机生活、健康讲座、产品发布。

有机生活体验馆倡导绿色、有机、健康的生活方式,在国内提出了"全有机生活"概念,用权威、专业的精神打造全系统的有机生活链,保证产品质量和高度关注消费者的切身体验。

这些可被信任的食材在生产过程中不添加任何化学合成的农药、肥料,且来自当地品质优良的有机生态农场,为生活体验馆提供源源不断食材的支撑。24节气美食餐厅,还融合中国传统24节气饮食智慧,主打"跟着节气吃好的"之概念,把东方的烹饪、生活方式加以哲学化、抒情化、论述化、风土特产化,刷新了餐饮业的固有概念,超70名中西料理大师,精选有机食材,为消费者们呈现健康时令美味,并带来节气生活体验。

有机生活体验馆采取全新的互联网经济模式O2O经营模式,其中线上网络平台以品牌推广和有机食品销售为主,线下以品尝有机餐、有机生活体验、健康管理服务为主。

厦门社区菜园

以厦门招商地产海德公园为例,海德公园位于厦门集美大桥BRT首站,完善的交通路网通达岛内外。在海德公园,空间与建筑有着怡人的环境,适度中体现出建筑与自然之间的和谐之美。全区独有人车分离系统,纯粹的ARTDECO建筑以洗练的线条与大海相和。隔离尘嚣的密集绿化带,多组团生态园林,非常有利于都市社区菜园的建立。

招商地产海德公园社区菜园的建设可以考虑由小区物业直接进行管理或交由厦门附近有经验的CSA农场进行管理,让招商地产的业主们拥有一个属于自己的私家小菜园,随意种植喜爱的各种蔬菜、花草、粮食等作物,体验农耕快乐,带孩子亲近大自然,菜园中土地上的所有产出,均归业主所有。在种植期间,会员须预先支付一年的菜园租金并和菜园管理方签订协议,尽管是业主自主种植,也绝对禁止使用化肥农药等。社区菜园由管理方统一提供土地、围栏、肥料、工具,修建灌溉工程、提供技术指导等服务。在海德社区菜园管理中,社区菜园可以按照自主劳动及托管劳动分类,正常情况下,30平方米的土地可产出500~600斤蔬菜,完全可供应2~3人家庭夏季的蔬菜,当然除了蔬菜,业主也可以种植其他作物,比如西瓜等。

表3-1 社区菜园劳动份额类型

份额类型	菜地面积	份额说明	相关服务	份额费用
自主劳动	30平方米	自己播种,自己管理,自己收获	农资、工具免费,提供技术指导,免费活动	2000元/年
托管劳动	30平方米	自己播种,农场或物业管理,自己收获	农资、工具免费,提供技术指导,托管服务,免费活动	3000元/年

鲁能美丽乡村模式

鲁能美丽乡村"集农业主题公园、会员制庄园、有机农场、休闲市集于一体,促进农业产业升级,提供回归自然的城郊微度假生活,让人们看得见山,望得见水,留得住乡愁"。

鲁能美丽乡村的选址定位于超大或特大城市周边1小时生活圈,以短时间、近距离、交通便捷的"微度假"基地为主,以青山绿水、田园风光、特色文化等优质资源作为依托。美丽乡村项目通常包涵五大主体功能:农业及乡村主题旅游度假,创新型农业生活方式体验,CSA会员制农场,农业高科技研发及应用,美丽乡村城乡统筹建设。

已经启动的三个美丽乡村项目分别是:文安鲁能美丽乡村、重庆江津鲁能美丽乡村、成都龙泉驿鲁能美丽乡村。我们团队与其中的文安和重庆项目开展合作,为鲁能美丽乡村CSA农场和其他农业项目提供前期可行性研究和规划设计,并为重庆项目的CSA农场提供委托管理服务。

重庆鲁能美丽乡村项目位于重庆市江津现代农业园区内,占地5.8万亩,规划国家农业公园、农场庄园、农业种植及滨水景观带。核心启动区5000亩,规划农场庄园样板、精品民宿、高科技农业体验馆、CSA农场、特色婚庆礼堂及酒店等。CSA农场建成后,将以重庆鲁能地产10万户业主为主要服务对象,通过从农场到社区直供,提升鲁能物业的服务水平,为业主餐桌食品安全保驾护航。

重庆鲁能江津CSA全流程托管合作
——避免产销矛盾,确保合作目标实现的最佳模式

(一)规划设计

•好农场根据CSA生产和运营的实际需要,向甲方提供相关设施的规划设计建议,包括选址、面积、结构、功能、造价等信息。

•甲方负责相关设施的建设,乙方可参与监理和验收。

•验收合格后,交由乙方使用,后期维护费用计入运营成本。

•可能需要追加投资的设施包括:育苗棚、冷棚(部分带风机水帘)、堆肥场、农资工具仓库、水肥一体化灌溉设施、田园管理机、分拣包装车间和冷库。

（二）生产管理

• 由好农场全权负责 CSA 生产过程管理,包括对雇工的管理、农资的采购和管理、生产设施的管理、产品的分拣包装等环节。

• 根据销售目标制订生产计划。

• 甲方代表与好农场对接生产计划的落实,根据生产计划制定生产预算,甲方按照生产预算,定期向乙方支付生产管理费用。

• 根据调研,甲方平均生产成本约 2.6 元／斤,该成本中未核算甲方生产部管理人员工资,未剔除与销售标准不符的产品重量,未计算夏季蔬菜管理难度增加等多方面成本影响因素。

• 根据经验,有机蔬菜产品符合销售标准的比例约为 60%;再加上夏季管理难度,估计达标蔬菜生产成本约为 4.5 元／斤。

• 根据调研,2017 年秋冬季节 6 个月的亩产为 900 斤,预计全年亩产 2000 斤,好农场预计能将产量提高到 4000 斤／亩。

（三）销售管理

• 由甲方制定产品售价,甲方与好农场共同制定销售目标、预算和提成政策。

• 由好农场全权负责销售工作,包括销售人员招聘和管理、促销政策制定。

• 甲方代表与好农场对接销售计划的落实,根据销售计划制定营销预算,甲方按照营销预算,定期向乙方支付销售管理费用。

• 线下销售活动:鲁能社区推广,2—3 次／周;农场亲子活动,1—2 次/月。

• 线上品牌推广:微信公众号、微博、头条号。

• 线上商城:好农场、有赞微商城。

（四）客服管理

• 由好农场全权负责客服工作,包括配送、售后服务,农场自产产品之外的其他产品采购及仓储管理。

• 甲方代表与好农场共同制定客服预算,甲方按照客服预算,定期向乙方支付客服管理费用。

•配送所需的车辆和其他物资由甲方统一采购,乙方维护和管理,包括配送车辆、配送箱等。

(五)合作方式与合作费用

•方式:CSA全流程托管合作,好农场派驻4人团队,分别担任农场经理、生产总监、销售总监、客服总监等核心管理岗位。

•合作费用分为固定费用和销售提成两部分。

•固定费用:80万／年。

•销售提成:农场达到盈亏平衡后,好农场获得CSA总收入8%的提成。

(六)配送车辆

江铃全顺冷藏车(晚8点后可进5环内)

荷载:995 kg

油耗:11 L／100公里

温控:－20℃—10℃

市价(含税费和上牌):32万

田园东方

(一)公司介绍

田园东方起始于2011年,2016年由东方园林产业集团的旅游度假和地产板块重组而成。田园东方是城乡一体化的田园综合体实践者和新田园主义生活与文化倡导者,是以新田园主义理论为指导,以田园综合体为商业模式,以文旅产业为主要业务,开展田园文旅小镇及其他生态文旅项目开发、运营的企业。

公司拥有专业的文旅策划、规划、开发运营团队并积累多个文旅、农业、休闲度假品牌,已建成以无锡阳山田园东方为代表的一批新型城镇化标杆项目。无锡阳山田园东方是江苏省知名旅游资源,无锡市休闲旅游新名片,被誉为"国内新型城镇化、城乡一体化示范区和乡村旅游新标杆"。目前公司布局华东、京津冀、西南,深耕生长。

东方园林产业集团、北京东方园林环境股份有限公司、东方园林生态农业、生态水利、生态金融等板块共同组成了东方园林投资控股集团。

作为中国首个围绕大生态产业圈布局,提供多业态全产业链综合性服务的投资型平台,东方园林投资控股集团以"心系地球"为战略使命,旗下企业形成彼此协同、相互支撑的业务格局,在生态领域内逐步打造出一批卓越企业。

(二)业务布局规划

田园东方从1.0版本到2.0版本,2017—2019年,聚焦华东、京津冀、西南等地发展田园综合体标杆项目:

田园东方·无锡阳山　　田园东方·成都三星　　田园东方·天津蓟州

田园东方·上海松江　　田园东方·成都蒲江　　田园东方·大理洱海

田园东方·成都成佳茶乡

第三节　生态型都市农业与城市中等收入群体

——北京市海淀区"小毛驴市民农园"CSA运作的参与式研究

一、问题的提出与生态型都市农业

2007年,国家把生态文明作为国家战略,意味着中国将主动摒弃传统工业文明的弊端,并在此基础上升华和发展为历史上更高级的文明形态(温铁军,2009);2007年中央"一号文件"提出发展具有多功能性的现代农业,是农业领域应对中央战略改变的举措;随着2008年进一步把"资源节约型、环境友好型农业"作为2020年农业发展长期目标,以往规模化、产业化导向的,反生态的都市农业,就有了服从国家战略和长远目标、向生态化导向调整的客观必然性。

(一)生态型都市农业定义

都市农业是指分布在都市内部及其周围地区或者大都市经济圈内,紧密依托城市、服务城市的农业;是以绿色生态农业、观光休闲农业、高科技农业、高效益农业为标志,以园艺化、设施化、工厂化生产为手段,以都市市场需求为导向,融生产性、生活性和生态性于一体,优质高效和可持续发展相结合的现代农业。

生态型都市农业是生态农业和都市农业有机结合而成的生产者与消费者直接结合而使过度耗能和污染的高碳方式的产业经济链条得以缩短的"短链"经济形式,它也是一种符合现代农业要求的集约化、设施化、多功能农业。除了具有生产功能、生态功能,还有农业文化体验和城乡互动的社会活动等诸多有利于构建和谐社会的功能。其中,内涵性具有的"绿色食品生产"和"生态环境建设"是其基本功能(郝志军等,2004)。

(二)生态型都市农业特征

1.都市农业特征

从区位上看,都市农业既存在于都市内部,又包括都市化地区与周边间隙地带,因此具有市场区位优势明显的特征;从功能上看,都市农业具有显著的多功能特征;从都市农业的消费群体来看,它有明确的城市指向,即城市需要决定都市农业的发展(张禄祥等,2005)。

2.生态型都市农业特征

除了具有都市农业的特征外,生态型都市农业具有"净、美、绿"的特色,有利于建立人与自然和谐的生存环境;它还是一种开放型、多样化的农业。它将现代农业技术与传统农业技术有机结合,生物措施与工程措施密切配合,区域开发与小流域治理高度统一,生态保护与建设和环境治理与管理相提并论,解决工业文明和农业文明的融合,实现经济、生态、社会效益的高度统一和可持续发展。

二、中等收入群体与社区支持农业CSA

（一）中等收入群体定义及特点

1. 中等收入群体

西方中产阶级理论所说的"中产阶级"（Middle Class），是指收入处于中间水平，拥有住房、汽车等一定数量的财产或资产，受教育程度比较高，有相似的价值观和独立的意识形态的群体。

在西方工业化过程中，伴随着中产阶级的成长，马克思、莱德勒、伯恩斯坦等研究者就已经认识到了中产阶级在社会结构中的特殊地位和重要性。美国社会学家米尔斯以美国经济、社会结构在20世纪中期的重大转型为基础，阐述了新中产阶级即"白领"的性格特征及其在社会结构中所发挥的功能，即所谓"政治后卫"与"消费前卫"的概念，提出工业发达的西方国家已经出现了一个包括政府部门的中级行政官员，国营和私营垄断企业中的中级管理人员和工作人员，以及其他领域中的专业技术人员等所组成的新的群体——"中产阶级"。19世纪末至20世纪中叶，在经济和技术变革的背景下，一些西方学者如丹尼尔·贝尔在相关论述中，表述了中产阶级具有缓和社会矛盾、促进社会稳定的社会功能的观点。

李路路、李升（2007）结合西方对中产阶级的研究指出现代社会是中产阶级不断发展壮大的社会，当一个社会中产阶级达到一定规模时，其价值观成为社会所认可的主流价值观，其文化也成为社会的主导文化，它便在社会结构中表现出相当的稳定性功能，缓和上下层之间的矛盾冲突。简而言之，中产阶级在社会发展中充当着社会结构的"稳定剂"、社会矛盾的"缓冲层"及社会行为的"指示器"。

本文所说的中等收入群体，在国内意识形态化的话语体系中，它已不是马克思主义就所有制关系意义上说的阶级，而是收入水平在一定时期里和同一地域范围内与全体居民的中等收入水平相当的那部分城乡居民。指社会上具有相近的自我评价、生活方式、价值取向、心理特征的一个群体或一个社会阶层,在我国又称"中产阶层"、"中间阶层",或"中产者"、"中等收入者"等。总的来说,我国目前意义上的中产阶层是一个既有中国特点又与"国际接轨"的概念。中产阶层作为一个社会阶层,是一群相对富有,有较高的文化修养,拥有较高质量的生活,对社会主流价值和现存秩序有较强的认同感的群体,在收入方面处于全社会收入的中等水平。在中国,中产阶层正在成为今后20年中国全面小康社会的主流公民。

2.中国中等收入群体的几个与都市农业相关的特点

中国的中等收入群体形成时间虽然短,但其数量规模约为4亿,较西方一般发达国家的群体大很多。他们的工作、生活,甚或他们的喜好,都显示出新社会群体的特征(马丽娟,2006)。中等收入群体主要特征是其收入处在社会中上水平,一般拥有优厚的薪金,富有的个人财产,较高的个人文化素质,丰富的生活内容。在地域分布上,中等收入群体从1990年代多分布于直辖市、沿海发达地区及经济发达的大中城市(如北京、上海、广州、深圳以及长江三角洲和珠江三角洲的一些大城市和中等发达城市),到当下则逐步向中小城市和城镇扩张。

然而,由于人数大于、增速快于世界上任何国家的中产阶级,中国的中等收入人群仍然相对处于自在状态而显著地不成熟。在消费上,这种特点主要表现为奢侈品消费、豪华消费、低俗文化和服务消费方兴未艾,应当需要加以引导。近年来,这部分人群中已经有很多人正在发生积极转变。

(二)CSA概念、发展背景及现状

1.概念

CSA(社区支持农业)是Community Supported Agriculture的缩写,在英文里的这个表达具有社区与农业互助的含义。

对于社区的含义,美国学者希莱里·G.A.(Hillery G.A.)指出人们至少可以从地理要素(区域)、经济要素(经济生活)、社会要素(社会交往)以及社会心理要素(共同纽带中的认同意识和相同价值观念)的结合上来把握社区这一概念,即把社区视为生活在同一地理区域内、具有共同意识和共同利益的社会群体。其次,社区所要支持的农业具有以下特点:第一,一般来说,具有健康、安全、环保的生产过程;第二,产品是本地化的,新鲜的。第三,社区支持农业CSA要求社区的消费者和生产者之间建立一种共担风险、共享收益、公平互信(如定价、保证有机种植)的关系。

2.发展背景及现状

社区支持农业CSA于20世纪60年代最早出现在德国、瑞士和日本,80年代出现在美国。最初的出现是由于市民对于食品安全和城市化过程中对土地的关注。并且,这个过程与发达国家同期出现中产阶级为主的"逆城市化"趋势完全吻合。

因为有着环境方面惨痛的代价,1965年,日本一群家庭主妇开始关心农药对于食物的污染,加工和进口食品越来越多,而相应地,本地农产品却越来越少。于是,她们就与有机食品的生产者达成了一个协议。这种方式叫作Teikei(提携),是共识或一起合作的意思。由于生态环保理念的传递,1986年,在马萨诸塞州建立了美国第一个CSA农场,如今的美国已超过2000家农场采用这种模式。现在CSA在欧洲、美洲、大洋洲及亚洲都有了一定的发展,逐渐被大众所接纳。

CSA背后所蕴含的理念是建立起本地化的农业与食品经济体系,并创造一个社会环境,在这个环境下,农民生产者和市民消费者一起工作来实现食品保障和经济、社会与自然环境的可持续性。由于每个社区都有各自不同的特点,而农业因素和条件又千差万别,因此,CSA没有一个固定的模式。

当前,CSA模式可以说是为遭遇各种利益集团羁绊而障碍重重的"资源节约环境友好型农业"的建设提供了一条新思路(温铁军,2009)。

(三)中等收入群体与环保运动

国际经验表明,随着经济的发展,中等收入群体日益成为环保运动、劳工运动等社会自立运动的主力,各种非政府组织的蓬勃发展也体现中等收入群体的兴起。这个趋势,在中国已经开始表现出来。

1.美国中产阶级形成与环保运动

美国20世纪六七十年代发生的环境保护运动,发轫于反对核污染和化学污染,由《寂静的春天》而深入,以1970年"地球日"示威运动为标志。它对美国和世界历史特别是环境保护史的影响绝无仅有。美国环保运动有着强烈的社会历史背景,它与当时美国社会结构的演变和社会运动的助力有着紧密的关联。其中一个原因是战后美国科技进步、经济繁荣,人们生活富庶。随着美国社会的日益中产阶级化,旅游、休闲与娱乐成为人们生活中越来越重要的部分,人们开始追求"生活质量",对工业社会和环境的观念发生了一些变化。对生活质量的追求,使人们不再单以消费的数量来衡量生活水准,也对环境质量提出了更高的要求,渐渐地环境的自然美学价值得到了社会更充分的理解,同时,公众将环境与健康也联系在一起(羽仪,2009)。

环保运动的主要成员是上层中产阶级,或者简单说为中产阶级。Herry等也通过研究一个很大的户外组织Pacific Northwes的会员,指出环境保护是"上层中产阶级的社会运动"。同样,在Devall对美国历史最久的环保机构Sierra Club的研究中也表明:上层中产阶级会员是俱乐部主要的组成者[1]。

2.中国的中等收入群体及环保行动

随着中国社会、经济的发展,中等收入群体开始形成并在社会事务中发挥积极作用。据《草根组织媒体工作手册》[2]统计,中国有环境保护组织110家左右,其中90%左右为环保NGO,这些环保NGO都有中等收入群体直接或间接地参与。此外,中等收入群体引领的绿色消费也一定程度促进环保运动[3]。

---

① 74%的被调查人都至少有4年大学的学位,39%都有更高的学位。同时,有49%的男性受访会员的工作分别是物理学家、律师、大学教授、工程师。

② 《草根组织媒体工作手册》,中国国际民间组织合作促进会和德国伯尔基金会共同组织编写,2008年11月。

③ 环保NGO绿色和平的食品与农业项目组曾经针对转基因食品进行调查,发现达利集团某款产品含有转基因成分。2008年12月,绿色和平发起网上行动,让广大网友共同参与,呼吁达利集团尊重消费者的选择,停用转基因原料,并承诺未来也不使用转基因原料。几天内,达利集团邮箱爆满,绿色和平将未发送成功的邮件通过传真发送,12月20日当天就有超过2280名消费者给达利集团发送了停止使用转基因的呼吁信。

1990年代以来,中国市民参与都市农业处于起步阶段,市民中的中等收入群体已经有了租赁小块土地从事有机农业的先例。近年来,在很多大中城市,这种市民到郊区农村租地从事有机农业的小型农场数量正在增加。

三、案例:小毛驴市民农园CSA运作与城市中等收入群体参与

(一)小毛驴市民农园简介

小毛驴市民农园(以下简称"小毛驴")位于北京市海淀区西北部凤凰岭山脚下,是中国人民大学农业与农村发展学院、中国人民大学乡村建设中心和北京市海淀区政府共建的产学研基地孵化出来的一个现代农业项目,园区占地60亩,土壤和水源经过专业机构检测,符合有机种植标准。该农园主要操作者与美国的农业贸易与政策研究所IATP合作,借鉴了明尼苏达生态农场与CSA配合发展的既成经验。该项目经过一年运作,试验者通过开展的直接观察和问卷调查,认为该项参与式社会科学试验的初试目标已经达到,可以进一步选点中试。

小毛驴在种植模式上坚持生态农业种植模式,营运模式上采取CSA模式。小毛驴于2008年开始建设,设计环节体现了生态农业理念,既有种植又有养殖,既有农田又有草地和树林,各种元素相互配合,有利于发挥协同效益,形成良性生态系统和生态循环。生态种植环节的核心是利用劳动替代资本的资本浅化机制来实现土壤改良。改良土壤的措施主要包括使用有机肥、禁用化学合成农药和除草剂等。生猪养殖方面,农园采用自然养殖法,其核心是依靠本地有益土著微生物分解排泄物,以达到降低污染、节约用水、增强牲畜抵抗力的效果。

2009年4月小毛驴正式对外招募CSA份额成员。招募的过程主要分为宣传、签约和运作等三个环节。

宣传方面,在工作开展之前,小毛驴对CSA份额成员目标群体进行细分,确定了卡通风格的宣传资料。小毛驴各项体现生态农业理念的元素成为宣

传资料的主要内容。其次,宣传资料还突出了生产功能之外的农业多功能性,如休闲娱乐、食品安全和自然教育。宣传途径上,除了依靠网络和平面媒体等常规渠道,小毛驴还有意结合社区的环保和健康教育活动开展宣传①。在与社区结合的宣传中,市民与所在社区进行的沟通、协调和组织等动员工作是确保宣传低成本进行,并取得社区信任和支持的关键,也是外部力量,如普通商业资本无法操作的②。

　　进社区宣传之后,小毛驴还邀请社区居民到农场参观,通过实地考察增强市民对小毛驴的信任。

　　签约方面,小毛驴制作了北京地区的农时历,CSA 份额成员在签约之前即可了解到在 CSA 运作过程中定期将收获的农产品。协议规定,份额费用采取预先收取的方式,体现了消费者与生产者共担生态种植风险的内涵。小毛驴 CSA 份额成员包括劳动份额和普通份额两种形式。2009 年小毛驴市民农园共招募了 CSA 劳动份额成员 17 户和 CSA 普通份额成员 37 户③。劳动份额是指市民在小毛驴承租一块 30 平方米的农地,小毛驴提供工具、种子、水、有机肥等物质投入和必要的技术指导等服务,市民完全依靠自身劳动投入进行生态农业耕作和收获。劳动份额的费用 1000 元/期,租期为 1 年④。普通份额是指由农场工作人员统一规划种植蔬菜,定期供应给份额成员的形式。供应频率为每星期一次,每周蔬菜品种不少于 3 种,分为 20 周配送到门;供应的重量依据协议分为整份(400 斤)和半份(200 斤),相应的费用为 2000 元和 1000元;供应的方式分为配送和自取,配送费用为 500 元。因此,普通份额中费用

---

① 如小毛驴到万科某小区开展生态农业与食品安全的讲座。

② 例如万科某小区的业主钟先生从媒体了解到小毛驴的信息之后,通过中国人民大学农业与农村发展学院的温铁军教授联系到小毛驴,表明希望参与的意愿。之后,主动与小区业主委员会沟通,协调场地,将小毛驴团队引进社区开展生态农业和食品安全方面的宣传。还利用业主论坛和印制海报等形式在小区进行宣传,能够低成本地进社区从事宣传活动。

③ 截至 2009 年 5 月 31 日停止招募时,2009 年计划招募 50 户份额成员,满员后陆续咨询并登记备案预定 2010 年份额的人数已达到 170 人(截至 2009 年 9 月 24 日)。

④ CSA 劳动份额成员每周末都将来到农场进行耕作,每次来时都带着家中的孩子和老人。其中一位成员如是说:"小毛驴的生态农业耕作已经转变为能够让三代人一起进行的娱乐项目。"

最高为2500元,最低为1000元①。

运作方面,分为CSA运营管理、周末接待市民参观和特色活动举办。CSA运营管理分为种植管理和CSA服务管理两方面。小毛驴的工人由两部分构成,一部分是当地农民,另一部分是实习生②。日常种植管理主要由小毛驴雇佣的当地农民完成,为了确保蔬菜的品种和质量,需要合理分配地块和安排种植,工人主要依照农时历进行种植管理;CSA服务管理主要由小毛驴的组织者和实习生完成,内容包括配送③、制作简报、份额成员交流等。周末是CSA劳动份额成员前来劳动和市民参观小毛驴的时间,据估计,小毛驴从对外开放至今已经接待游客1000人左右,游客采摘等消费金额达5万元以上。接待市民的工作主要由实习生完成。同时,实习生还负责特色活动的策划、组织工作④。

(二)小毛驴CSA成员特征

经对小毛驴市民农园的CSA成员进行问卷调查⑤,在回答问卷的41位成员中,其在小毛驴的份额消费占其家庭年收入的0.5%—5%,其中有16位成员为老师,3人从事媒体职业、4人为律师、5人为外企白领,7人为私企中层以上职务,3人在非政府机构工作,国企员工1人,军官1人,退休干部1人。

此外,所有回复问卷的成员学历均在本科学历及以上。选择成为小毛驴

---

① 小毛驴为每份蔬菜准备了整理箱,贴上记录成员信息的卡片。小毛驴每周还制作简报,随蔬菜一起配送到份额成员家中,让不能经常来小毛驴的成员了解农园的动态,也通过简报收集份额成员反馈,彼此交流。小毛驴每周五下午将采摘耐储存的蔬菜,周六早5点就开始采摘叶菜,以保证新鲜度,适当清理之后配送至市民家中。

② 小毛驴实行实习生制度。面向全国高校和NGO团体招募对生态农业和CSA运作感兴趣的实习生,已招募6位实习生,其中2位本科在读,2位已经本科毕业,1位来自环保机构,1位来自农村合作社。

③ 除了配送,另有12户自取的普通份额,都来自万科某小区,他们内部组成了自取小组,每周轮流取菜,若无法完成取菜任务,则可以支付50元费用,让他人代取。自取小组内部的交流也相比其他业主频繁,小组成立之后,越来越多的小区居民表示有兴趣加入。

④ 小毛驴已经成功举办了份额成员回访活动和有机小市场活动。还将自然教育、健康饮食等理念融入到市民的参观过程中,通过实习生的讲解,寓教于乐。

⑤ 本调查于2009年8月份进行,发出问卷54份,回收有效问卷41份。

成员的主要原因为关注食品安全问题、关注环保、关注孩子健康。

以上多数成员个人信息,符合城市中等收入人群的基本特征。

(三)CSA运作中各方成本、收益

小毛驴市民农园和份额成员是CSA运作的直接参与者,双方在CSA模式中获得了共赢①。

表3-2　CSA运作双方成本和收益表

	收益	成本
小毛驴市民农园	份额费用(预先收取)、采摘和参观费用、媒体免费正面报道、市民的支持和低成本认证。小毛驴市民农园对市民免费开放,只有企业或者其他社会团体组织参观,并要求小毛驴管理团队提供讲授服务时收取费用;4月份运营以来,已经有超过25家媒体做了相关报道,其中包括人民日报和新华网等重要媒体;市民支持的形式多种多样,包括法律咨询、活动策划咨询等,都是份额成员免费提供;产前的土壤和水质的检测费用由小毛驴支付,生产过程中的认证成本实际上由消费者支付,包括来往的能源费用和时间成本。消费者在小毛驴种植期间随时都有可能驱车到农园监督生产过程,一旦被认定违反协议中对生态种植方式的规定将导致小毛驴公信力的严重流失,CSA运作将崩溃,因此小毛驴将选择遵守规定	土地租金、劳动力工资和物质投入。其中土地成本占比约为60%,劳动力成本约占30%,物质投入约占10%。物质投入中包括预防和抵抗各种病虫害、灾害所造成的风险需要支付的费用
CSA普通份额成员	低价格的有机蔬菜、免费的农业景观、自然和健康饮食教育。据调查,小毛驴市民农园蔬菜是超市有机蔬菜平均价格的1/3—1/2	监督成本、预先支付份额的财务费用和承担的风险。份额成员风险表现为无法收到协议中规定的蔬菜品种和数量

通过表3-2的归纳可以发现,收益可分为直接收益和协同收益。直接收益表现为物质收入,协同收益表现为无形资产和精神方面,成本也可进行直接和协同的细分。在CSA运作模式中,成本和收益的主体相一致,能够将外部成本内部化,减少委托—代理风险。

---

① 只要双方建立起CSA关系,则视为交易成功,双方福利得到实现。交易过程和结果不造成负外部性。

（四）结论

小毛驴市民农园通过宣传、招募、配送、种植、活动等几个部分，主要针对生态型都市农业消费群体——城市中等收入群体——计划和安排工作，较好地完成了2008年的运作，并通过媒体的宣传和成员间的口口相传形成了小毛驴的品牌效应，在一定程度上拉动了北京城市中等收入群体的绿色消费。

小毛驴市民农园的运作模式具有一定局限性，世界范围来看，CSA农场多集中在城市郊区、小镇附近，利用城镇经济的溢出效益提升农业生产层次，将农业生产打造成为第一产业和第三产业的综合体。

市民组织的发育和CSA农场的发展是一个相互促进的过程。小毛驴市民农园是在政府、高校和社区三股力量参与下建立的，其中政府和高校的组织程度较高，社区居民的组织程度较低。社区居民参与小毛驴市民农园CSA运作的过程中，通过劳动而并非资本进行合作，合作过程中的沟通、协调促进了组织化的形成。提升组织化的社区居民又反过来有利于CSA的运作。

四、政策建议

国际经验表明，生态农业的发展不仅需要政府的政策引导和支持，还需要社会力量的参与，发育市民合作组织并进行良性引导。在我国，农业产业化导向是与产业资本扩张阶段的客观需求结合的；其中已经形成的地方政府与各种利益集团占有稀缺农业资源导致"精英俘获"的机制作用，使得文件上确立的"资源节约环境友好型农业"碍难推动。为此，只有引导市民积极支持参与式的都市农业，才能推进大城市郊区的农业进行生态农业转型。通过着力打造成第一产业和第三产业的结合体，实现农业多功能性，就可能创造郊区农民增收的条件。

第四节　国内"互联网＋都市农业＋社区"的案例研究

好农场

(一)简介

诚食(北京)农业科技有限公司是由中国人民大学农业与农村发展学院程存旺博士于2014年12月创立的一家提供有机食物产业供应链服务的创业公司。其主导品牌为"好农场"。

好农场是公司开发的SaaS平台,由好农场App和好农场PC端后台组成,为适度规范化经营的有机生态农场提供ERP、CRM和好农场微店管理功能,1.0版本已于2015年11月上线。

(二)服务内容

好农场已经初步实现了有机食物供给端的整合,并向供应链的需求端延伸,打通了万科物业App、远洋物业App和京铁物流系统,实现了农场和产品数据、订单数据和物流信息的共享,供给侧与需求侧的系统连通,好农场在为整个产业链提供高效的SaaS系统服务中实现了自身价值。

除了提供供应链SaaS系统服务,好农场还搭建社区农夫市集的线下活动平台,让生产者和消费者直接面对面交流,增强信任,并将线下客群引导到线上。

(三)好农场的功能

1.商品管理

农场可将自产的商品以及从其他渠道采购可向会员销售的商品上传并进行管理。该项目在对农场的规模以及生产、销售模式进行深入的调研之后,开发了针对性很强的管理功能。农场可以根据具体的生产情况、会员配送需求进行调整,库存管理非常灵活。价格体系方面,可配合会员系统灵活设置商品价格。

图3-1 好农场系统商品管理界面

2.会员宅配管理

由于蔬菜作为生鲜产品的特殊性,而且农场地处相对偏远的郊区,会员制农场的蔬菜配送跟普通电商具有较大差异,跟一般的生鲜电商也不相同。该项目支持多种配送方式,平台与京铁物流、黑狗等生鲜配送企业进行系统深度对接。用户的宅配订单开始配送时,配送请求即刻传输到物流公司,采用智能的配送规划使得配送成本更低,用户体验更好。

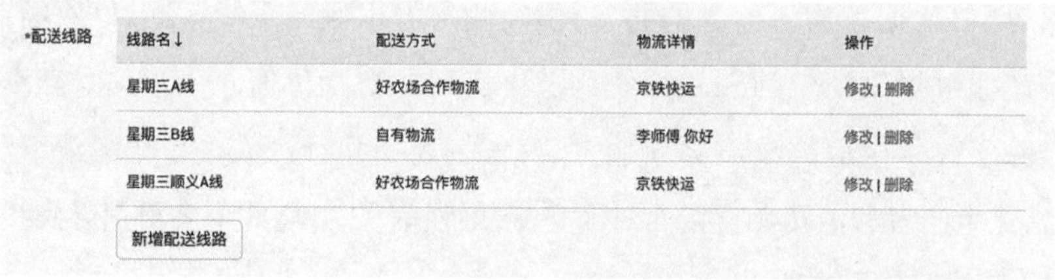

图3-2 好农场系统宅配管理界面

3.订单管理

好农场平台需要支持多种订单的处理,宅配、团购、零售需求各不相同。

宅配订单情况比较复杂,原因是农场的配送习惯、计费逻辑、起送标准均不相同。好农场平台的订单管理模块提供方便的后台管理功能,订单按配送日、配送线路分列,方便浏览管理。客服可以在后台查询、修改点菜内容、修改状态、处理退款。

团购的特殊性在于如果团购金额未达到设定金额,即不能成团,预先支付的款项原路退还。配送方面支持自提或者快递。

零售订单的处理逻辑与普通生鲜电商基本一致。

图3-3　宅配订单列表

图3-4　宅配订单详情

4.农场用好农场系统后的反馈

节省了客服处理大量信息的时间和错误率;后台的数据统计方便了农场根据客户的需求去种植、生产等直观准确的管理消费者的账户金额、公开透明。

5.用户用好农场系统后的反馈

智能点菜更方便,不用再在微信或短信上打字;可以自行选择停配的日期;订单里可以明确看到消费的产品及数量和金额。

一米市集

(一)创立概况

一米市集的名字里,有美好的理想,"希望从吃的最小单位'一粒米'开始,以线上市集的方法,让更多人结识友善耕耘的农夫,一步一步、一米一米地改善中国的饮食生态"。简单来讲,一米市集就是一个"线上的农夫市集",追求一个更加自主透明的均衡体系,让农夫们得到合理利润;让消费者吃到真实、无添加的食物,重组消费者和生产者之间的互信关系。

一米市集的创办人Matilda何瑞怡,来自中国台湾,在广告、食品营销、设计咨询等不同领域工作过。中国台湾已经有很多线上农夫市集,包括类似主妇联盟这样的机构已经有很高的知名度了,"为什么我们这里没有线上农夫市集呢?"后来发现这件事太慢了,于是自己要去尝试,经过半年多的准备,2015年9月,一米市集正式上线。

他们在自己的官网平台上销售商品,包括水果,四时菜蔬,肉禽蛋品,粮油酱醋,水中鲜物,零食酒饮,西点小食,乳类制品等。为了保证品质,一米市集目前只面对上海外环以内进行自主配送。每天下午四五点采摘,晚上入冷库,第二天早晨,用电动车完成配送,这样不超过12个小时,食材就可以新鲜送达消费者手中。一米市集的目标群体是真正关注健康食物的人,不少是年轻的白领妈妈。

(二)运营手段

1.监督方式

Matilda坚持本土产品必须要占到80%以上,争荣农场、玫瑰庄园、朴和素、天爱农庄、百欧欢有机农场、康源大地、三分地农场、锦菜园、嘉仕有机……这些农场中,集结了上海周边最早开始探索生态农业的一批先行者,也有部分是近两三年出现的新公司。

去掉中间商,一米市集采用直接跟农夫合作的方式,每个本土的小农、企业都需要采购团队亲自前去探访把关。2015年初,Matilda和伙伴们就开始通过不同的渠道,寻找真正符合他们标准的产品。有的从已有的线下农夫市集寻找,有的是来自媒体或朋友介绍,或者是已经确定要合作的农人帮忙推荐的,大多数农场是集中在江浙沪地区。通过初步筛选后,他们亲自到各个农场走访,跟农人沟通,了解农人的理念。另外,会将产品取样送至经CNAS(中国合格评定国家认可委员会)认证的自建实验室以及SGS等权威检测机构检查,必须要达到零农残才可以上架,上架之后还会进行批次抽检。当然,检测只是把控质量的环节之一,在Matilda看来,实地采访、面对面沟通的重要性更高,在一米市集网站上,每个产品详情中都可读到这样一句话:"良心无法被检测和分析,比起认证,你更应该了解栽种养牧的过程。"在每个购买按钮下面,就是实地采访纪实的摘要和链接,消费者购物时随时可以点开看,去了解食物的真实来源。

2.合作方式

现在,大多数国内的生鲜电商都是在采购商品前与供应方谈妥一个收购价,电商可能搞买赠大促销或者把零售价格抬到很高,但这些都是跟农人没有关系的。很多时候,生态、安全并非最重要因素,倒是价格战打得如火如荼,很多产品的价格就是这样被打乱了。但是在一米市集,没有"收购价"这个说法。他们建立了和农人的利益共享机制,以分成的形式,保证农人的合理收益,而且尽量少做促销,让企业和农户能够"绑定在一起"。

3.宣传方式

他们有一米市集的官方网站,在网站上发布产品价格图片等信息,也有农夫的故事等;有微信服务号介绍农友故事、健康生活资讯、创意食谱,以及一米市集对于生态农业的观点等。Matilda还打算跟一位导演朋友合作,做一部关于"信任"的纪录片,把农人的故事更直观地呈现给大家。

当然,单凭线上自媒体做推广,影响力还不够。他们正在把更多的精力转向线下,比如参与线下农夫市集(包括上海农好农夫市集、方寸地农夫市集),到社区做有机农产品品鉴活动。另外,还计划定期组织亲子农场游,帮助市民们到实地去认识为自己生产食物的农人。

(三)项目与社区互动方式

1.社区如何参与

用户除了在官网上购买,也可以在微信、微博进行互动,还能参与线下农夫市集,到社区做有机农产品品鉴活动,在不久的将来还能参加亲子农场游。

2.优势分析

团队成员都是年轻人,一直在做有意思的创新,而且认同公司的理念,慢下来,用心去对待;公司文化氛围很棒,办公室的角落里,贴满公司每个发展阶段的思考,摆着各种富有创造力的设计作品,以及从世界各地收集的、跟食物有关的书籍杂志;产品都有来源可寻,质量监测比较到位,而且方便消费者监督,在网站上设置链接,消费者可以直接点开链接,查看食物的产地环境和生产过程;网站的页面很美观,产品照片也有水准;有坚持环保理念,改善食材的包装标识。

沃土工坊

(一)创立

沃土工坊是朱明先生于2006年初创立的。朱明原本是南方报业的工作人员,做了香港社区伙伴的志愿者工作之后,创建了沃土工坊这个非营利组织,遵循社区支持农业(CSA)的理念,在城市消费者和偏远地区的小农户之间架起一座桥梁,通过一家小小的店铺,将100多家合作农户的生态农产品分享给城市居民。

刚开始的时候,沃土工坊完全由志愿者来运行,早期的主要工作是推广CSA理念、考察小农户,一开始就和各个华德福教育机构有紧密的联系,2008年,正式开始作为CSA平台来帮助农民销售农产品。

沃土工坊产品主要是各种生态米面杂粮、干货、糕点、天然生活用品等;蔬菜比较少,一般是通过直接给老客户发通知,让他们自己前来购买;没有出售肉类产品,也许有些农户做稻田养鸭,沃土帮助销售少量的鸭子,如果为了满足消费者的大量需求而让他们做专业养殖户,对当地小农的影响就比较大。因为小农本来的养殖大多是使用剩余饭菜以及种植产生的废弃物,是循环农业的一个环节,可一旦形成规模,就需要用大量粮食去喂养,这不环保,所以也不鼓励他们去做。

(二)目标客户

1.其他CSA机构

香港社区伙伴每年给沃土工坊提供实习生;广西柳州爱农会通过"土生良品"餐厅将合作农户的产品分享给城里的消费者,因餐厅消耗量有限,沃土也会帮助爱农会销售一部分农产品;绿耕城乡互助社将较多精力放在了农村社工项目当中,城市当中的农产品销售并不是其工作重点,所以也帮绿耕销售一些产品。

2.合作农户

合作单位(如爱农会和绿耕)的合作农户和沃土工坊自己独立寻找到的农户。比如在广东清远连山壮族瑶族自治县种植渔稻米的农户,就是由沃土工坊的工作人员亲自进行实地考察和协商后找到的合作农户,还有一些合作农户是返乡青年,比如云南的谢雪梅就是一名"返乡大学生",她曾经是社区伙伴的CSA实习生,在桂林的双山自然农园实习一年后回到了云南的家乡,继续在自己熟悉的土地上实践自然农法。现在她种植有机天竺葵并用其提取精油和纯露,沃土工坊用来做成各种各样的天然护肤保养品。这些农户大多是本来就比较接近生态种养的农户,恢复难度较低。

3.沃土工坊官方平台的消费者

现在80%的销售都是和深圳、广州、珠海各地的华德福学校、幼儿园有联系。这些华德福教育机构的食堂会采用沃土工坊采购的食材,孩子的爸爸妈妈们也会零散地从沃土工坊订货。华德福教育本身就是注重食育、注重健康、亲近自然的,他们对于生态农产品的接受程度比较高,也算是省去了消费者教育的一部分工作。当然,对于本来不了解生态农业的消费者,沃土工坊也组织过一些下乡参观活动,以及天然生活用品制作的工作坊活动等。

(三)运营手段

作为一个CSA机构,沃土工坊并没有要求消费者预付会员费。一方面是因为运营压力较小,不需要消费者提前用会员费的方式来支持;另一方面,由于很多农产品是干货,品种很多,消费者每周的购买量不稳定,就算是蔬菜水果,每个季节的供应量都不一样,如果实行预付费,财务管理反而会比较麻烦。

没有自己的种植基地,属于中间机构,对合作农户进行考察,然后在自己的平台上帮他们销售生态农产品,并帮助他们承担一部分市场风险,比如江西的姚慧锋是第一年返回老家去种水稻,就会给他一个最低的收入保障。事先会付一半的预付费,收获以后再根据产量给另外一半。他们规定销售利润中的10%提取出来作为公益基金,而这个基金可以用来支持各种突发情况,比如种植农户的损失。而平时,沃土工坊还会用公益基金支持其他慈善公益团体的发展。

2014年5月开始,沃土工坊订购可以使用微信下单,如今沃土也有了自己的线下店铺。

(四)项目与社区互动方式

1.社区参与方式

沃土工坊会在博客、微博上发布一些食物的制作方法,沃土工坊合作伙伴对产品的介绍,以及沃土工坊的最新动态等。他们认为见字不如见面,更喜欢面对面的交流,希望人与人之间的关系诚恳、温暖、有趣,于是便开设了线下店铺。

2.分析

沃土工坊的一部分合作农户也是合作单位的合作农户,这样就分担出一部分考察质量监测的压力给其他CSA机构。支持小农户合作农户往往只有几亩的耕地,他们用自家的牛粪、羊粪、猪粪来种田,他们使用可以留种的老品种,用稻田里的鸭子及人工来除草。一年又一年,他们用自己的汗水去守护着土地的健康与消费者的信任,他们不倾向于去申请昂贵的有机认证。为了区分于带有认证标签的有机产品,我们把这种耕作方式称为"友善耕作"。

(五)沃土理念

"友善耕作"是沃土工坊创立的理念。

无农药、无化肥、维持生物多样性的耕作方式,承诺着对土地的守护,是小农对环境的友善。

从产地到餐桌的距离最近,不但提高食材的新鲜度,也减少冷藏运送的能源消耗与碳足迹,是对地球的友善。

以合理的价格直接向小农购买农产品,是对消费者的友善。

将消费者的支持回馈给更多守护土地的耕耘者,则是对小农的友善。

(六)沃土米三个基地

2008年11月,为了支持广西横县的两个稻米种植生态合作社,沃土工坊开始组织消费者第一次团购横县米。2009年尝试着在广东连山发展农户恢复传统的稻鱼共作,2011年随着沃土工坊CSA实习生姚慧锋回到故乡江西宜丰,种植稻鸭米。

沃土米一共有三个来源:

广东连山渔稻米种植小组:由沃土工坊自己组织和发展;

江西稻香南垣生态水稻合作社:由姚慧峰组织和发展;

广西横县陈塘村生态种植合作社:由香港的公益组织社区伙伴组织和发展。

米是消费者日常饮食中最重要的部分,作为每天都要吃的食物,沃土米在种植过程中严格要求,始终坚持四个种植原则:

品种:选用可以留种的老谷种,坚决杜绝杂交种以及转基因种子,保证每一粒米都"根正苗红"。

肥料:只施用农户自家养殖的动物粪便,以及自制堆肥和饼肥。不施用化肥以及工业化养殖的动物粪便加工而成的生物有机肥。杜绝化肥以及工业养殖粪便中的重金属、激素、抗生素污染。

防虫:只采用稻田养鸭、稻田养鱼、自制草药等生态防治方式,不施用任何化学农药以及生物农药。

无污染:选择好的环境,选择水源头以及相对独立的地块,避免其他污染源,在稻米上市之前都经过严格的重金属检测,确保无重金属污染。

相比一般商业的有机农场,通常会采用来自工业化养殖粪便的商品有机肥、施用生物农药等,沃土米的种植标准绝对是超越有机的。

良食网

(一)创立历程

唐忠,湖南人,驰骋互联网二十多年,他的从业经历颇为丰富,先为"深圳热线"的创始人之一,后转战A8音乐集团任副总裁,继之创建国内领先的彩票网站——爱彩网。在食品安全问题泛滥之际,他回归自然和农业,结合之前的技术、商业运营经验,希望解决食品安全和农业永续经营的问题。2011年创办良食网。

历时两年,良食网安全生鲜产品宅配会员已经过万,服务过的企业会员超过100家。

良食网在华南拥有四个自建农场基地,面积达2000亩。公司采用直供的方式,同时引入第三方物流,以自有农场及自产安全蔬菜为核心,集合各地安全农产品,以满足用户要求有机、安全的食品需求。目标是打造中华地区最大的、优质、安全、健康的食品运营平台。

(二)运作模式

1. 生产管理

为了收获真正有机绿色食材,良食网四处寻找未经污染农场土地,不使用任何化学农药、生长激素和添加剂,种植天然无污染的有机食材。在生产端,良食网采用"自有基地+直管基地"双重模式,全国开拓 11 个天然农场,从生产种植到采收,实施统一标准管理、严格把控。同时在城市内部打造大型农庄,让用户直观感受有机农场的运作模式。食材供应方面,良食网采取农场直供到家方式,减少中间环节,降低安全风险,从源头直接送到消费者手上。

2. 配送模式

对于生鲜电商企业来说,物流与仓储环节最为复杂且烧钱,投入成本高、回报时间长,也是生鲜企业不得不面临的一大痛点。良食网不断尝试总结,最终选择自建物流,自主配送的方式,在仓储、配送环节不断改进创新,曾六次改造保鲜箱,只为延长食材保鲜时长。

3. 品牌策略

农产品想要做好做优,就必须专注产品、打造品牌,良食网决心打造中华地区最大的食品运营平台,全力打造农产品自有品牌零售商。如今,良食网逐步开始进驻社区,设立加盟店,打通线上线下,解决最后一公里实现"有机农场+电商+社区"的无缝对接,开创全渠道服务的新零售时代4.0。

4. 品控体系

良食网在产品的选择方面有严格的要求,产品大多出自自建农场,为了保证蔬菜质量,公司会对土壤质量进行严格把关,每片农场的土壤都会保证至少有三年时间的转换期,三年时间都不会使用任何的化肥、化学农药,以确保土壤不含任何化学物质,如广东惠州金果湾基地的土壤养了八年。

此外,生产过程不打农药化肥,采用间种的方法让植物互相驱除自己的天敌,或是用虫板色诱害虫,以保证农作物的正常生长。良食网通过签约农户、建立安全生产日志,对种植计划、防虫、施肥和除草等全部细节过程实施监控。所有产品在生产、收获、运输、入库前除了经过第三方独立检测机构对产品的安全性进行检测外,良食网亦建立自己的检测体系,层层把关,件件检测。良食网甚至在国内首家建立了视频实时监控系统,消费者可随时随地通过视频,实时了解基地的生产作业情况及作物生长状况;让消费者眼见为实。另外,公司还引入全国最权威的、国际有机发展联盟认可的认证机构——南京国环有机产品认证中心为公司认证,严格监督公司产品安全。除此之外,良食网与新浪微博建立媒体合作关系,消费者可与签约农户进行实时沟通,并鼓励和发动广大消费者亲自到生产基地考察(对于蔬菜基地,消费者更可直接认购一块菜地,自己耕种采摘),随时分享到新浪微博,从而形成一个无所不在的监控大网! 真正做到追踪从农田到餐桌的全过程,将安全、健康的食品交到消费者手里。

(三)社区参与方式

1. 参与方式

三种服务模式:(1)特供菜。顾客可以预订统一种植的多种时令安全蔬菜,良食网会每周将精心搭配的新鲜蔬菜采摘配送到家。(2)开心农场。认领一块土地,与家人亲手种植和收获蔬菜,为您提供种子、工具和日常浇水服务,您将拥有该土地产出的全部蔬菜。(3)做"地主"。认领一块土地,委托公司种植您所需要的作物,公司会将该土地的全部收成配送到您家。

六大类产品:新鲜蔬菜、时令水果、肉禽蛋奶、海鲜水产、粮油副食、酒茶饮料。寻遍全球,只为觅得放心食材。

2. 十一大有机农场

惠州金果湾基地、广西合谷桃源基地、海南海口基地、海南东方基地、海南三亚基地、广西龙胜瑶山生态基地、广西凭祥基地、黑龙江兴凯湖基地、云南昆明基地、广西武宣有机基地和云南楚雄基地。采用直供方式,从基地直接到餐桌,顾客还可以参加以上基地的农场体验游,或者通过视频观看实时监控农产品的生产过程。

3. 优势分析

良食网整合各地有机蔬果种植基地与养殖牧场,从源头保障产品的高品质;建立健全的监控检测体系,所有产品在入库前都要通过第三方独立检测机构和良食网检测体系的检测;在全国建立首家视频实时监控系统,消费者可随时随地通过视频,了解基地的生产作业情况及作物生长状况;采用定向直供的方式,将食品直接送到消费者手里,不仅节省食品在仓库、物流中的停留时间最大程度保障了食品新鲜,还绕过众多中间环节,农民与消费者互相得利。

品珍鲜活

广东品珍电子商务有限公司是中国首家体验式精选进口食品 O2O 电商[①],拥有网上商城、线下体验店和生活馆,专注于搜罗全球优质食品,主营产品有生猛活鲜、精品肉类、时令水果、优质食辅材和进口粮油、零食。

(一)品珍鲜活的定位

定位:品珍鲜活商城主营精选进口食品,注重食材的安全与健康,并推崇一种健康、私享的理念,倡导高品质的生活方式。品珍鲜活不仅满足于普通电商模式,而且通过创新的实体店体验购物,Life 厨房、健康顾问、国际美食会所,全方位成为顾客的品质生活供应商。

线上商城:以极致优化的客户体验为前提,囊括高档海鲜、精品肉食、时令水果、优质食辅材等 7 大类精选食品。倾听群众的个性化需求,不辞辛劳地满足所需。

体验店和旗舰店:为顾客提供全方位的体验服务,包括线上体验区、进口鲜活海鲜区、进口干货区和进口冰鲜海产区等,供顾客贴身感受活鲜的生猛和水果的优质新鲜。

Life 厨房:国际大厨、美食顾问现场指导,享受"高品质食材+专业烹饪"的尊享服务,体验烹调的乐趣。

---

① O2O,是 Online To Offline 的缩写,即线上到线下,是指将线下的商务机会与互联网结合,让互联网成为线下交易的平台。

健康顾问：专业营养健康顾问，为顾客提供量身定制健康食材搭配，提供全球健康食品的讯息以及挑选法则。

国际美容会所：为追求高品质生活、注重食材安全健康的顾客提供交流与分享的平台，在国际友人的指导下定期举行主题聚会、美食沙龙等私享活动。

（二）品珍鲜活的产品

生鲜食品由于属于非标准品，在选品上没有统一的标准。若是供应链较长，参与角色过多，对于品质的控制标准不一，将会给食品销售带来潜在风险。2015年起，品珍鲜活就逐步布局上游，从蔬果、牛羊肉到海鲜，搭建"产业链"平台，从而缩短供应链中间环节，降低中间环节成本。2015年底，品珍鲜活就与中国肉类最具价值品牌——大庄园集团进行了战略洽谈，并签约成为战略合作伙伴。2016年7月，位于广东英德的国通农业生态园的蔬果也正式上市。自有健康蔬果基地，不仅可以快速、大量地为品珍鲜活移动商城及线下门店提供绿色健康的蔬果，以后还将提供观光旅游、定制耕种等多元化服务。

品珍鲜活还整合海外供应链资源，精选了加拿大翡翠螺、北极甜虾、阿根廷鱿鱼圈、真鳕鱼扒等28款海鲜产品，打造海鲜自有品牌。

（三）品珍鲜活的营销模式

从碧桂园、万科、雅居乐到华侨城，品珍鲜活坚持以"地产+生鲜+互联网"为核心经营模式，将门店终端下沉布局在各个地产商楼盘。

楼盘社区属于细分市场，住在社区里的人有高频次购买、实时下单实时送货、食品安全、生鲜产品服务加工等现实需求。而传统超级市场一般不提供线上服务，不能覆盖细分社区。全国性的B2C生鲜电商无法实时响应需求，非标准商品更是运营难题。生鲜社区也存在自提柜布点成本高，一日两送依然不能实时响应要求等难题。

（四）品珍鲜活的品控

让产品直接打上品珍鲜活的LOGO，不仅保证了从原产地到餐桌把控质量,而且有益于形成特色经营,提高品牌议价能力,还能培养消费者的品牌忠诚度,增加会员黏性,把握市场需求。

(五)品珍鲜活的未来发展重点

品珍鲜活与碧桂园、万科、华侨城、保利以及奥园等房地产商展开战略合作。通过借助房企物业公司提供的物业支持、扶持政策,以及优质业主,以O2O服务贴合智能社区定位,以线上平台为流量入口,以线下各门店为基点,单门店三公里内一小时送达,覆盖1.5万—2万户居民,并提供食材加工、健康咨询等增值服务,力图打造高端楼盘"智能社区中央大厨房"。

社会生态农业(CSA)发展形势概论

第一节 社会生态农业参与构建的食物体系

一、社会生态农业(CSA)、有机农业(Organic Agriculture)、生态农业(Agroecology)、慢食(Slow Food)等几大国际食物运动辨析

笔者从2008年开始研究国际上的几大食物体系的社会运动,社会运动简单来说就是通过动员社会多元主体的参与来推动一些理念的发展及落地。

2015年以来,笔者多次参加联合国粮农组织的国际会议,粮农组织作为联合国农业领域的国际平台,在政策制定和会议组织方面特别注重不同利益主体的话语力量的平衡。举办一场国际会议,一定要有政府、社会组织、私人机构等不同利益相关方代表的参与,一定要注意性别的平衡,当然这个过程也是一个相互博弈的过程。在参与粮农组织会议的社会组织中,具有"绿色、生态"内涵,既是组织又是理念和社会运动,主要包括有机农业、慢食和社会生态农业,而粮农组织近些年主要使用的是生态农业的概念。2015年第一次参加粮农组织的会议,2018年参加第二届国际生态农业大会,这次大会的报名人数超过了700人,而且若干国家的政府也做了积极的发言,这也让我们感到在国际社会,生态农业已经变成一个非常重要的工作方向和内容。

实际上，我们在学术领域把以上一些概念都叫作替代食物体系（Alternative Food Networks），这种替代不是一个将另外一个取代，而是与常规食物体系并列的一种体系，是应对常规食物体系出现的问题的另外一种模式。目前，我们都意识到农业的价值不只是提供饱腹的产品，农业的价值也不能孤立来看，一定要把农民和农村作为一个整体来看待。

在第二届国际生态农业大会上，有一位哈佛的医生发言说，为什么我们大家这么热烈地讨论生态农业却缺少世界卫生组织的参与，每年那么多经费应该多一些花在告诉人们最简单的道理上，很多慢性病就是因为饮食不健康导致的，这些疾病包括糖尿病、心脏病、中风、癌症、高血压等。

可以看出，农业跟饮食及公共健康有关。同时，食物的生产过剩、粗陋的食物、流通端过期的食物、餐桌上剩下的食物等都造成了食物的严重浪费，处理这些浪费的食物仍然消耗大量社会资源。食物的大量运输和生产食物投入等大量依赖石油能源的投入品，也都增加了碳排放和影响气候变化。农民的社会福祉还意味着社会公正的问题。而在中国，农业还是我们文化的基础，中国的文化源于农耕文化，追溯我们的文化根源衣食住行，都是来源于这里，而越是国际化更是需要对自己文化的认知。一个地区的发展规划，不能只考虑道路交通房屋和管网，还应该将食物体系规划纳入其中。如何让新鲜食物最快最便捷到达城市，如何让城市的一些厨余垃圾就地堆肥，更多城市排泄物可以经过有效处理达到有机肥要求。我们在研究中发现，全球化运输、过度加工、产业链过长提升了食品安全的系统风险也增加了对于环境的负外部性，因此，城市规划也必须考虑食物体系规划。农业跟很多行业相关，如医疗卫生、餐饮、康养、规划、设计等。如果我们对食物体系有了更合理的规划设计，可以减少很多后续问题对社会造成的压力，例如医院越来越多、医疗费用越来越多、慢性病人越来越多、城市周边垃圾填埋场越来越密集、乡村环境问题、食品安全问题等等。

以上都是现在国际食物体系研究的一些重点，而中国的食物体系研究应该有自己的特点，中国农耕的文化植根于乡土，几千年的小农经济社会，当然不只是食物体系的问题，还要纳入乡村治理、乡土文化、国际社会经济大背景等多方面综合考虑。

从有机农业、慢食、社会生态农业、生态农业等几个理念发展的历史来看，有机农业这个词汇出现最早，大概是在20世纪的二三十年代。慢食运动1986年最早出现在意大利，那一年也是意大利第一个麦当劳成立的一年，而社会生态农业是1970年代最早在日本和欧洲的一些国家开始的一种生产者消费者直接对接的模式。生态农业最早出现是在20世纪30年代，发展也是在80年代，生态农业在中国比较多的是描述一种生产方式，有人认为生态农业其实就是有机农业或者整体性农业，而在联合国粮农组织的会议中定义生态农业是一门科学（农业生态学）、一场社会运动和一种实践方法（a science，a movement，or a practice）。

目前，国际有机联盟IFOAM的总部在德国，慢食协会在意大利，社会生态农业联盟URGENCI秘书处在法国。

"生态、健康、公平、关爱"是有机农业四大原则。

慢食有三大理念：优质、清洁、公平。社会生态农业有三大理念：互助、直销、友好。其核心都是构建人与人、人与自然之间和谐共处的关系，无论是生态意义上还是人与人的关系上，都应该是一个共生关系，共同体关系。

其他一些相关的概念还包括：永续（朴门）农业、自然农法、自然农业、生物动力农业都是强调生产方式，公平贸易（Fair Trade）强调产销之间的公平性。参与式保障体系（Participatory Guarantee System）是一种学习、认证的小规模生产者是否遵循有机原则的一种保障体系，也是与第三方认证不同的一种建立信任的方式。CSA模式一般包含了PGS的过程，有的是消费者小组与不同的生产者对接，但很多CSA农场都是一个农场与一群消费者对接，直接建立信任，所以就不需要PGS。

如果深入了解这些概念会发现，这些概念的内核都是高度一致的，当然，不同的国际组织之间会有一些话语权的博弈，比如IFOAM曾经希望将CSA运动纳入它们的保护伞下，但最终经过我们理事会的讨论还是决定保持独立性。另外,慢食在国际上相对独立,很少与其他社会运动合作,CSA是这些国际组织中比较强调消费者参与的。有的对几大概念不了解的人,可能会认为这些概念之间差异很大,比如,有的人认为有机农业只强调认证或者无农药化肥,而生态农业则强调生态系统的整体性;有人认为生态农业没有认证标准,并不一定要求不使用农药化肥,而是减少使用,或者强调种养结合、循环农业就是生态的。其实也不然。

从这些概念最初出现的一些书的引用来源中,我们都可以清晰地看到《四千年农夫》的存在,应该说中国传统农耕文化对整个20世纪的替代食物体系的出现是具有思想引领的价值的,一种农耕方式是否可持续,当然最靠谱的就是看这种方式存在了多长时间,而中国农耕文明已经有近万年历史,同时还养活了大量人口。类似种养结合、立体循环、间种套作、轮作、堆肥等耕作技术都源于中国。

其实,推广每个概念都需要大量的成本。我们讲实事求是,就是希望我们要抓住问题的主要矛盾,看到实践中大量农民日常实践的技术和方法,总结这样的实践内容,在真实的生活和生产中挖掘鲜活的案例,再经过提炼总结形成理论内容。我们的农耕文化不是从象牙塔的实验室出来再应用到农业生产中,而是广大农民在日复一日生产生活中形成的,再被知识分子提炼成文字。所以,我们对于农耕文化的自信就来自我们实事求是不断试错和提炼,农民之间相互学习,就可以扎根成长我们自己的文化。

因此,我们不应该因为概念或者标签束缚了我们自己的思考和创新,而是不断地扎根和学习、再扎根。

石嫣,于顺义柳庄户村,2018年7月13日

二、食物从哪里来

食物从哪里来?这似乎是个再简单不过的问题。但如今,这个问题却不断困扰着我们。更为准确地说,今天从哪里可以获得安全健康的食物成为了

我们的困扰。这无疑是一个有些滑稽的问题,这个科技突飞猛进,人们已然可以奔向外太空的时代,我们却开始困扰于餐桌安全。然而,它却真实存在,并要求我们做出思考和选择。

(一)食物演化简史

毋庸思虑,食物的历史与人类历史有着同样漫长的时间历程,这段历程可以大致分为三个阶段。第一阶段发生在150万年前,人类的食物由主要是未加工的植物开始转变为肉食辅助;第二阶段距今70万年,人类开始狩猎大型动物,并且开始集体行动,但这个时期食物仍然是以植物为主体;到距今1万年的第三阶段,人类的饮食活动开始由狩猎转为驯养动物,由采集转为种植农作物。大麦、小麦、水稻和小米同时通过野草驯化而来的,当野草成熟时,草种随风飘散,农民从不飘散的种子中选择性种植,产生了现在这些人类赖以生存的主粮。农耕时代由此开始,并逐渐由中东扩展到全世界。

随着农业的出现,人类开始有更多的时间从事除了获取食物之外的活动,贸易和其他非食物性需求随之增加,同时人类的饮食结构也开始发生了改变。人们对于食物的需求不再陷于"果腹",多样、营养、口感,甚至观感的需求都开始出现,并影响着食物的生产。

当然,影响饮食结构的因素不单纯只是"食欲"。人的生物学进化经历了极为漫长的历史。在这段历史中,人类为了获取食物而需要付出大量的时间和精力,那些在饥荒或者食物短缺过程中能够储存能量或者迅速饱腹的食物成为人类的偏好。由此,对于高糖、高脂肪食物的需求基因也就在人类进化的基因中保留了下来。

而在人类历史上,以植物为主的饮食结构比较脆弱,因为种植农作物很容易受到干旱、病虫害和温度的影响,而且,满足多样性的营养需求也比较困难。例如,亚洲人以大米为主要饮食来源,这种饮食结构容易缺乏蛋白质、维生素 A 和维生素 B_1,而以小麦为主的欧洲和以玉米为主的美洲则容易缺乏氨基酸。因而,农耕社会出现后,人们种植的农作物品种逐步开始增加,并进而出现了牲畜养殖。

最终,人类基于自身的各种需求和欲望,确立了对食物的要求。例如,除了多样、高糖、高脂肪之外,食物选育的目标是更大、更容易储藏、易抗病虫害的品种。同时,根据人类需求改变味道、外形和产量。而人类的这些行为,也改变了那些作为人类食物的动植物品种。

首先,就产量而言,人们总是希望生产出更多的食物。这样不仅可以确保食物的安全供给,还可以推动社会发展——高产量的状况下,只需要少部分农民就可以满足很多人的食物需求,从而解放劳动力去从事其他活动。这种对产量的追求直接改变了动植物的生长习性。比如,鸡从早期东南亚的一个传统品种每年下15个蛋,到现在每年能下200~300个蛋。

其次,人们在食物上讲究"色、香、形",偏好大体积和形状规整的食物。尽管,食物并不是越大越好。世界上最大的草莓重达231 g,不仅味道不好,而且营养浓度更低。但是,因为人们在意食物的"观感",生产者也就通过选育来实现品种越种越大。至于大而规整的食物意味着什么,人们并不关心。

再者,罗素有一句名言是"参差多样是幸福本源"。这句话在食物领域的体现,就是食物品种的普及和增多。以土豆为例,在7000到1万年前的南美安第斯山脉,从一种有毒植物选育出了土豆,现在那个地区因地理位置不同仍然有不同品种的土豆,而土豆已经遍及全世界种植。再比如,野生甘蓝现在已经演化出了多个品种,如甘蓝、西兰花、菜花、羽衣甘蓝、小油菜、大头菜等,而温室大棚则直接改变了食物的生长季节。

最后,食物最为关键的是满足口感。为了选育更让人喜欢的口感,美洲的辣椒取代了亚洲的胡椒。现在只有嫁接的苹果,因为野生的苹果比现在的苹果要苦7倍,酸1倍。最早的西红柿品种软、汁多、不易储藏和运输,但现在变成皮厚而口味差的品种了。

可以说,我们今天的食物已然发生了很多变化,所有这些变化,都是应人类的饮食偏好而发生的。人们助推了这种变化,并且满足于这种变化。毕竟,这些变化满足了人们的需要,也体现了人们掌控"自然"的能力。然而,今天面对食物安全危机频发和自然环境的恶化,我们更需要做的是停下来,想一想,这种变化是否真的有益于我们。

(二)食物环境与人类健康

在人类进化的过程中,人类所处的食物环境也在发生变化。食品变得更加工业化、更易获取、更方便、更廉价、保存周期更长、更合乎口味。在超市,你可以买到世界各地的数以千计的不同食物;在地铁、学校,你随处可见自动售卖机;在路边,也有随手可及的免下车快餐店。20世纪80年代有10%的日本消费者从超市购买食物,90年代则达到了60%。食物环境的变化可以用"日新月异"来描述。

但是,人类自身的进化速度却远没有食物环境的进化速度快。虽然饥饿仍然普遍存在——当前人类面临的问题已经从饥饿变为"饥饿、肥胖和过量饮食"同步并存的状态,过量饮食和肥胖已经开始危及人体健康。因饮食带来的各种疾病,如糖尿病、肥胖病等,告诉人们"营养不良"除了意味缺乏营养外,还意味着过营养化和不健康的饮食方式。而这种饮食方式,很大程度上是食物环境决定的。对此,曾有人做了如下试验:

试验一:将试验小白鼠放在一堆健康食品前,小白鼠会一直维持适量饮食。如果把一堆糖豆和巧克力喂食小白鼠,小白鼠体重则增加了两倍。

试验二:将菜花和冰激凌同时放在小白鼠面前,小白鼠趋向吃冰激凌。小白鼠未受到任何广告和社会因素的影响下仍然选择高热量的食物。

小白鼠的试验证明,当打破内稳态和饥饿的平衡,对于糖、脂肪和品种的选择,是关乎健康的重要内容。同时,试验也告诉我们,就饮食而言,存在着生物与环境交叉点,在这个交叉点上,古代基因与现代环境格格不入。也就是说,我们漫长的演化历史遗留给了我们偏好高糖、高脂肪食物的需求基因,即使在我们已然处于肥胖和过量饮食的状态,当我们处在高糖、高脂肪食物的饮食环境里,我们仍旧会选择不利于健康的食物。

由此产生的问题是,谁来告诉我们哪种食物是健康的? 哪种食物的比例应该更多? 我们接受这些饮食教育的渠道都有哪些? 是靠知识的传递,意志、控制力和教育,以个人责任让更多人接受健康饮食的理念,还是通过改变周围的饮食环境,通过公共政策使得健康食物更容易获得并限制垃圾食品? 对于这些问题,需要基于对食物系统的思考。

(三)现代食物系统及其问题

食物系统是指和食物相关的各种影响因素的综合体,它包括五个子系统,分别是:生物子系统——生产食物并保证其生态可持续性;经济子系统——多种群体的不同权力关系和利益关系,从农田到全球市场;政治子系统——控制上述利益相关者的政治体系;社会子系统——影响人们饮食的生活方式与人际关系;文化子系统——影响人们饮食的价值观、传统及习俗。

在传统食物系统中,农民处于食物系统的核心,农业的耕作依赖于物种的多样性和土壤的肥力提升。生产所需的能源,主要是太阳能等可再生能源,肥料主要是动物粪便。在这个系统中,生产者和消费者有非常大的重合。现代食物系统中,生产者和消费者分离,越来越少的农民供养越来越多的消费者,提高农业的生产率成为农业生产的目标,并大量使用农药、化肥和农业机械来取代劳动力的投入,这些投入品都依赖于不可再生能源——石油。在生产过程中,农民自我依赖逐渐减少,对外界投入(种子、化肥等)的依赖则日益增加。同时,农业还承担为现代工业提供原材料的作用,为日益增长的产业和工业革命带来的城市化提供廉价食物、原材料和劳动力。

现代食物系统带来了很多的益处——丰富、多样的食物提供,大量劳动力从食物生产中得到解放。同时,也带来了很多问题,而这些问题始终处在被忽视的状态。

其一,食物的过量和稀缺并存。基于对高产量的追求,食物的产出前所未有,2010年全球生产了超过20亿吨的玉米、水稻和小麦。而全球范围内超过30%生产的食物到达餐桌前就被浪费掉了约14.3亿吨。浪费分布于生产、收获、加工、包装、批发、零售等各个环节,例如不符合采收标准、不安全储藏、过期、运输丢失等。与此同时,全球食物的分配极为不均。2012年,世界上有8亿7000万人口处于饥饿状态,约占世界人口的八分之一。在这一数据的反面则是,全球有4200万孩子体重超重,35%的成年人超重或者有肥胖症。

其二,饮食文化衰退为科学建议。工业技术的引入,让食物逐渐过渡为快速食品,人们用于做饭的时间越来越少,更多是吃加工食品或快餐——

1970年美国人在快餐上的花费是60亿美元,2000年这一费用是1100亿美元。同时,越来越少的家庭收入分配到食物上——2011年中国城镇消费者将他们可支配收入中的36.3%用于食物。10多年前,这一数字是38.2%,20多年前,这一数字是53.8%,1978年是57.5%。而农民在食品消费中所能获得的收入则开始降低,在美国,消费者每消费1美元,农民从中得到低于20美分的收益。收益主要归于加工商、批发商和零售商。1980年,这一数字仍高达31美分。1952年,这一数字则是47美分。新鲜食物越来越少,更易于营销的、添加营养素的、低质量的加工食物越来越多,消费者越来越依赖营养学家的所谓"科学建议",而不是饮食文化。

其三,现代农业带来了环境污染。世界范围内无冰土地的40%在种植和养殖,每年使用约8000万吨化肥和400万吨农药,过量使用这些化学品导致了土壤健康和水质的下降。并且,农业还以前所未有的速度消耗着全球化石燃料,美国是继汽车之后的第二大消耗者(美国19%的化石燃料用于食品系统),农业成为主要的碳排放来源,也因此导致气候变化(据估计,美国37%的温室气体排放来自食品系统,比任何其他经济部门都高)。同时,农业还是最大的水资源消耗者。

从经济角度看,目前的食物体系是最没有效率的能源投入与产出关系:在美国,用于化肥(来自天然气)、农药(来自石油)、农业机械、食物加工、运输和包装方面1940年的能源投入产出为1:2.3(投入1卡产生2.3卡的食物能量),如今为10:1,是1940年的1/23。或许,农业现代化只是因为政府补贴、人工造成的廉价能源、水等,以及环境成本外部化(污染)。

其四,公众的身体健康受到损害。约有1/5(6千万)美国成年人属于肥胖者,超过2/5(1.27亿)美国人属于超重;美国社会排名前十的健康杀手中,有4种疾病与不健康饮食有关:心脏病,中风,2型糖尿病和癌症;美国医疗保险方面的花费占GDP的比重在1960是5%,在2008年是16%。肥胖症与肉类的需求相辅相成,互相推高。目前,75%的农地用来养殖动物,所有作物产出的35%用来喂养牲畜。全球对肉类的需求已经对动物和环境产生重大影响。

由此，我们可以看到，当前食物所存在的各种问题其实都源于食物系统的改变，而这种改变的基础动力，就是人类对食物的欲望。如果期望解决我们所面临的食物问题，就需要重新考虑"什么是食物"，以此来探寻食物的未来。

(四)什么是食物

食物，名词意义上是指那些能够提供给人类碳水化合物、蛋白质、脂肪等必需营养物的物质。但究其实质，食物又远不止定义的那么简单。食物，可以是我们定义人类的一个社会要素，可以是我们与家人、朋友、社区分享生活的一部分，可以是我们记忆传统、庆祝现在和期待未来的一种表现形式。食物，不仅是生存之物，也是生活之物。遗憾的是，关于食物的这种认知随着工业和商业进程的推进，离我们越来越远。

中国的食物环境变化发生在近30余年。伴随着食品工业化的进程，我们认识食物、获得食物、分享食物的方式都随之改变。传统中，我们是从家庭获得饮食知识，家中的长者告诉我们什么东西可以吃，什么东西不能吃，吃饭要遵守哪些礼仪，应该有什么样的饮食习惯。现在，我们越来越多得听从营养学家的说法、电视中广告的介绍、食品公司的宣传，很少有人想到这些利益主体之间往往有着复杂的利益关系，也更少有人意识到我们的食物已然被这些复杂的利益关系所改变。

例如，当我们面对下列三种物质时——含有30多种成分的薯片、蟑螂、苹果，你认为哪个是食物？什么样的东西我们能认为它是食物？

恐怕大多数人会认为薯片、苹果是食物，而蟑螂不是，这是我们的饮食传统告诉我们的。而对于某些人群，因其不同的饮食习惯，恐怕蟑螂才是食物。同时，可能另外一些人会认为薯片不是食物。在这些人看来，食物应该是从自然界来的，不伤害人类身体，同时还要满足某种社会属性。由此，可以看出，我们对食物的定义是模糊的。这份模糊曾经只受到不同饮食习惯的影响，而如今却受到了"知识"的影响。

蟑螂和苹果是否是食物，并不是一个需要解决的问题。毕竟，作为自然物质,它们是否可以吃已然经过了人类数千年的筛选和确认,是否吃则是一个饮食习俗的问题。然而,薯片是否是食物,则是一个需要考虑的问题。作为工业生产线所提供的产品,薯片中含有大量的化学合成物质,用于调节口味。虽然,各种专家学者都会告诉我们——适当的食物添加剂是无害的。然而,一方面,它们是否有害,显然不是一个短时期能够确定的问题,瘦肉精、三聚氰胺、苏丹红,这些物质也曾以无害的身份被使用;另一方面,也许一袋薯片的食品添加剂含量是适当的,可是当每一种食物都含有"适当"的添加剂时,我们摄入的份量是否还"适当"呢? 在这样的问题面前,很显然"薯片是否是食物"是值得考量的。

(五)食物的未来

自然有其内在的规律,你若是希望喝到从法国运来的矿泉水,就必须支付生产、包装、运输过程中的能源消耗。然而,我们购买矿泉水支付的只是这瓶矿泉水的显性价格,并不包括整个运输加工甚至消费过程中给环境增加污染的隐性成本。同样,你若是要在北京冬天吃反季节蔬菜西红柿,那么只有两种选择,要么从外地运输过来——由于运输和保鲜的需求,自然不可能等到蔬菜成熟后采摘,有些需要运送到目的地进行催熟,不仅是损失掉口感和味道,还会面临不可知的食品安全危机。还有一种可能:要么在北京周边用加温的温室大棚进行生产——大棚内高温高湿病害风险很高,农户不得不使用更多的农药,这不仅带来了农药残留量过高,还造成了土壤和水源污染。

老子曾在《道德经》中言及"天之道,损有余补不足;人之道,损不足以奉有余"。食物系统里所呈现出的自然规律与人类欲望的相悖,很好的阐释了这句话。人的欲望是无穷尽的,过于追求欲望满足时常会使人忘却了平衡。现在,越来越多的人开始感慨,"如今的食物不好吃了",却少有人意识到"不好吃"的原因——在过度追求餐桌的多样、丰富和观赏感时,我们自然就失去了食物的营养、健康和好味道。

而在不远的将来,2050年世界人口将达到90亿,地球人口和资源的压力将会越来越大。目前,已有40%耕地面临土壤流失、过度放牧、肥力降低等问题。为了解决这些问题和缓解人口压力，人们已经开始掠夺自然，将森林变为牧场和农地，目前80%的热带地区的耕地由热带雨林转化而来。这种转换意味着生物多样性的损失，其对人类生活的影响是不可估量的。

如果我们继续沿着"过度追求欲望的满足"这条路行进下去，坚持"损不足以奉有余"，最终我们面临的不仅是食物系统的恶性循环，还将面临生态系统的崩溃。为此，我们需要从现在开始考虑重新构建食物系统的平衡，实现自然规律与人类欲望的和解。做到这一点虽然并不容易，但也并非没有经验可以借鉴。事实上，"传统食物系统"中存在着值得借鉴的经验，并且这种借鉴也已然开始。

越来越多的城市开始容纳农业，都市农业作为人重新与自然建立连接的一种形式，无论是在发达国家还是发展中国家都同期兴起。周末的都市农夫开始过着"半农半×"的生活，平时在城市工作和生活，周末到城市的郊区农村做农夫。

另外，越来越多的消费者开始订购当地社区支持型农场的农产品，"吃在当地、吃在当季"的理念开始制衡远途运输和温室大棚生产。消费者变成了农户的投资者，预期回报是一年的健康食物；消费者还是共同生产者，给农户提供各种支持；农户则承诺生产多样化优质的食物、生产过程透明、推动社区食物安全。

在城市已经逐渐消失的市集也开始出现在市中心，人们重新回归烹饪。减少对不可再生能源的依赖，更有效利用土地，建立更合理的饮食结构，缩短我们的食物链。消费者、农户之间架起一道友善沟通的桥梁，在城市和乡村之间重新构建一个公共的空间，这个空间是这个社会人与人之间诚信、关爱、尊重的基础。

在食物安全危机频发的当下，源自"传统食物系统"的经验催生了CSA、都市农业、半农半×等各种新的食物生产模式，这些模式决定每个人的餐盘，也决定食物的未来。

三、都市食物体系与社会生态农业

革命战争年代,在革命根据地就开展植树造林活动。新中国成立后,以毛泽东为核心的第一代中央领导集体在领导人民进行社会主义革命与建设中,开始在全国范围内开展生态文明建设。改革开放以来,邓小平、江泽民、胡锦涛在领导人民建设中国特色社会主义伟大事业的历史进程中,高度重视生态文明建设。党的十八大以来,以习近平同志为核心的党中央站在新时代的高度,在带领人民卓有成效地开展生态文明建设的实践中,将生态文明作为我们整个国家的重要发展战略。而农耕文明本身就是体现生态文明的一个非常重要的内涵。我想向大家推荐一本书《四千年农夫——中国、日本和朝鲜的永续农业》。这本书是一百年前美国一位土壤局局长富兰克林·H.金博士来到东亚做田野调查,在考察了中国、日本和朝鲜等地的农耕文明之后写的。

《四千年农夫》肯定了东方的农耕文明,反思西方规模化、工业化生产方式带来的对于环境和人的影响。可能他也没想到,自己的这本书会对后来的全球有机农业、生态农业发展起到引领性作用,成为世界生态农业运动的思想来源。一百年后,就在"三农"问题成为中国的重中之重的同时,中国乡村建设于2003年发起"生态农业环保农村"试验,2009年起每年召开社会化生态农业(CSA)大会;百年前金博士的著作也得以在生态文明建设成为国家新战略的中国翻译出版。首次在中国举行的第六届"世界社会生态农业CSA大会"再次将可持续发展的聚焦点吸引到中国。如同金博士百年前指出的:数千年农耕文化从来就是资源节约、环境友好型的。国际第六届和国内第七届的CSA大会在北京一并举行,使国人及世界更加清晰地认识到可持续的社会农业是中国生态文明的基础。

(一)百年回归:第六届世界社会生态农业大会在北京举行

2015年11月,第六届世界社会生态农业大会在北京举行。世界社会生态农业大会两年举办一次,这是首次在中国举办,具有非常重要的历史意义。实际上,我们从2009年开始,每年都会举办一个国内的社会生态农业大会,国内从事这个行业的学者、专家和一些基层的农场主、合作社等,越来越多地加入社会生态农业。直到这一届大会,国际国内的两个大会合并在一起开,很受社会各界的关注。

这次大会的协办单位有丽水莲都区人民政府。大会在组织的过程中也得到了中央领导的关注,汪洋副总理在大会前夕,召开了"互联网+现代农业"的座谈会,我们给汪洋副总理进行了工作汇报。这次汇报之后,汪洋副总理对这次大会以及社会生态农业的案例调研等作出了重要的批示。

中国传统的农耕文化是我们生态文明战略极其重要的组成部分,把传统的农耕文化与现代社会的需求结合起来,就是社会化的生态农业。这个大会举办前,参加大会的一些国际国内专家也来到丽水莲都区进行了考察。

国际社会生态农业大会之所以用这样的名称,就在于它具有非常积极性的社会化参与。有几个来参加第六届世界社会生态农业大会的牧民,是从青海赶过来的,他们要提前5天从雪山出发,先步行后骑着摩托,然后再赶火车到北京。与会人员高涨的热情远远超出了我们的预期。

当时的主会场大概能够容纳500多人,但是差不多有800多人参加了开幕式,有坐的有站的。那几天北京在下雪,外边很冷,但里边很热,因为人实在是太多了。

当时我们在会场的附近,也组织了农夫市集,就是让全国各地包括丽水莲都区,来参与这次大会的朋友们,在参与这个大会的同时,将自己带来的农产品进行展示,当时来参与农夫市集的大概有200多个来自全国各地的基层单位。

(二)新时代　新农人　新变革

为什么CSA会发展那么快?社会生态农业会越来越受到重视?首先让我们来看一下整个全球食物体系的变化,我们主要面临的农业或者说饮食体系的问题和挑战是什么。

我们绝大多数人谈到"食物"的时候,会认为就是一个饱腹之物,中国有句老话"民以食为天",但是农业并不是简单地只跟饱腹有关。

从2017年开始,我们就接到了大量国际组织研究机构的调研,他们来北京做什么调研呢? 他们有一个困惑,说在巴西有一些环保组织抗议。抗议什么? 抗议巴西最近这些年,有很多的热带雨林被砍伐,而砍伐之后种植的都是转基因的大豆,这些大豆都去了哪儿呢? 大部分来了中国。所以这些研究机构就在做这样一个研究:为什么中国在最近这些年进口了这么多的转基因玉米、大豆等作物。

在研究中他们发现,原来是中国人的饮食结构发生了巨大的变化。曾经有一位美国教授写过一本书《中国健康调查报告》,他大概是五十年前做的调研,我记得他在那本书中还特别提到:当时中国人的饮食结构是一个以素食为主的饮食文化。但实际上在近些年的餐桌上,我们肉食的比例是越来越大了。

个人饮食结构的一点点变化,一旦乘以我们中国这个人口基数就会形成巨大的影响。我国每年进口的粮食的数量相当于5亿亩耕地的产量,就是说,5亿亩耕地种出来的粮食是我们进口粮食的总量。

现在的农业或者说我们的食物体系,已经不简单只是对于我们每一个人来说重要,甚至影响了国际政治环境。比如说我们进口粮食的数量,肉食比例的增加,带来的我们对养殖产品需求的增加,甚至会影响到巴西一个国家的农业种植产品结构。

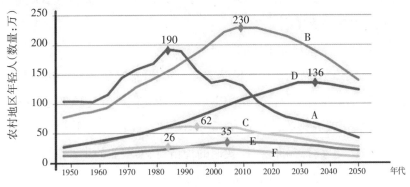

A-东亚   D-撒哈拉以南非洲
B-中南亚   E-中东及北非
C-东南亚   F-拉丁美洲及加勒比海地区

图4-1 农村地区年轻人(15-24岁)的数量-1950—2050年的趋势和预测

来源:普罗克特和卢切西2012,参考凡·吉斯特2010(联合国和世界人口前瞻论述,2008年版)依据15—24岁年龄组和城市化率的人口数据判断得出。

　　另外一个重要的趋势则是,在未来的三十年,我们乡村的年轻人会越来越少。图4-1曲线中,曲线A是我们东亚地区,从1950年到2050年年轻农民的数量变化,它定义的年轻农民就是在15岁到24岁之间。

　　这也是为什么我们要推动新农民运动,号召更多的年轻人回乡的原因。无论是粮食安全还是食品安全,从根本上来讲,都需要农人来耕作,需要有农人来为我们的粮食安全和食品安全来承担责任。

　　很多人在考虑整个食品体系的时候,往往考虑的是从单位面积上追求产量,比如一亩地到底是产800斤玉米还是900斤玉米。实际上我们现在面临的全球粮食的主要问题,并不只是单位面积的产量问题,更多的是关于食物的浪费。据联合国粮农组织的数据,目前全球有超过三分之一的食物还没有到达咱们的餐桌就已经被浪费掉了。

　　在中国不光有餐桌前的浪费,在餐桌之后的浪费更大,大家吃完一顿饭之后浪费的食物还能够养活3亿中国人。我们每年的粮食产量都在增加,而我们的食物体系现在存在大量生产、大量消费,最后大量浪费的现象,或许可以说我们现在整个农业生产体系是不可持续的,不健康的。

　　全球的粮食也面临着分配不均的严峻挑战。目前,全球还有8亿多人处于饥饿的状态。另外,无论是发展中国家还是发达国家,超重或者肥胖症的人员比例是越来越大了。

　　农业对于整个全球碳排放的贡献率差不多达到了三分之一。2015年11月,习近平总书记出席气候变化巴黎大会,新闻联播在报道气候变化大会时,就明确提到了农业对于气候变化的影响。可能我们一讲气候变化,温室气体的增加,二氧化碳的排放,想到的就是汽车尾气,或者工业排放,实际上农业的排放所占比例也有三分之一。我们的种植业、养殖业的生产以及生产资料的生产都会有大量的碳排放,化肥的生产就消耗了大量的石油能源。现在的农业变成了一个高碳排放的产业。

　　现在全球化的这种食品运输体系,也都对碳排放有大贡献。而在中国,我们所面临的问题可能比全球的农耕或者食物体系面临的问题还要复杂。

比如当下大家最关注的食物安全的问题,不仅仅受到普通老百姓关注,还可能影响社会稳定,对政府的食物安全治理管理水平也是一种挑战。

2010年中国《第一次面源污染的普查公报》显示,中国的农业面源污染实际上已经超过了工业源和生活源的污染。农业面源的污染,尤以农业养殖业的废物排放问题最为严重。养殖业的排放不仅仅形成了对于土壤的污染、土壤重金属的污染,还包括对水、对空气的污染。由此可见,我们农业面临的可持续发展的挑战是非常巨大的。

从中央近期出台的一些关于农业的文件可以发现,农业政策正在发生一些调整,有越来越多包括可持续农业生产方式的调整,到2020年,中国有一个目标就要实现化肥的零增长。农药的零增长计划也在制定之中。

从全国来看,这种调整大概还要十几年的时间。而我们一直所倡导的社会生态农业和丽水目前正在践行的生态化养生农业,实际上是走在我们整个国家战略的前端。

2008年中国社科院有一个研究报告,当时他们研究了中国的社会阶层,把中国社会分成了十大阶层,其中就有中等收入群体。中国的中等收入群体有多大呢? 大概是全国人口的23%。也就是说,至少有3亿多的中国人属于中等收入群体。我们当时也做了一个研究,从国际经验来看,社会生态农业包括乡村旅游等的发展是跟一个国家的中产阶级的数量成正比的。

我们跟一个全国著名的儿科主任一起交流过,他们市儿童医院三年时间就接收两万多个儿童性早熟的病例。他们从两万多个病例里拿出五千份病例,并进行了综合整理和数据搜集,从中发现孩子性早熟跟饮食的关系可能是高度相关的。

这位儿童医院的主任便组织起这些性早熟儿童的家长,搞起了生态农产品共同购买,组建了微信群,然后到全国各地去搜寻健康的食材。另外,全国儿童医生大会也准备把饮食健康作为其中的一个重要议题。

从医学的角度做人类和饮食健康关系的研究和分析,这种跨界研究正在不断发生。我们都知道中国的糖尿病患者接近2亿,这个已经超过很多国家人口的数量了。基本上每三个人之中，就会有一个人，或者他的直系亲属至少患有糖尿病、心脏病、中风或者高血压这四种与饮食直接高度相关的疾病之一。

因此，我们说食物体系或者CSA社会生态农业，不仅仅与我们每天吃饱饭有关，还关系到健康，关系到生计、生态、文化等领域。

举个例子，如果左边放一袋薯片，右边放一只蟑螂，你会认为薯片是食物，还是蟑螂是食物？薯片在中国人的饮食体系之中还是很普遍的，很多朋友都会给自己的孩子买薯片作为零食。但是绝大多数人并不认为蟑螂是食物。

有一天早上我在微信上收到一张图片，是一个正在非洲做人类学调研的一个德国朋友发的，他说这个是我的早餐，我一看就是活的蚂蚁。他说这是他做人类学研究的部分，而昆虫是最好的蛋白质来源。

我们的饮食习惯，其实是由我们的饮食文化所衍生出来的。我们的父母，我们的祖辈，他们从来不会吃蟑螂，所以我们认为蟑螂不是我们饮食体系中的一部分。而薯片，当你看到它包装背后的配料表，就会发现它有长长的配料单，包括多达30多种配料，有很多是我们不熟悉的化学品名称。如果我们把薯片拿给非洲部落的朋友们去看，他们也许就会认为，这个根本不是食物。因为配料绝大多数可能是跟化学有关，和他们想象中的食物应该是来自天然的，应该是来自健康加工而不是化学合成的这样一种方式是截然不同的。

我们整个饮食体系包括传统手工食物的流失，也意味着我们整个饮食文化的流失。超市里越来越多袋装的、加工的这些食物，能不能代表我们的饮食文化呢？而作为发展中国家的中国，肉蛋奶需求的比例都在逐年快速上升，如果未来我们的饮食结构继续保持这种趋势，那么我们农业对于粮食的生产压力，对于可持续农业转型的需求压力也就会越来越大。

再说说土壤。土壤是一种公共品。现在气候的变化越来越剧烈，今年可能是洪涝灾害，明年可能是大旱，后年可能就是几十年一遇的寒冬，极端天气的频繁出现，也使得我们需要更好的生态系统耐受性来应对。

生态农业的重点是培育土壤，土壤具有非常好的团粒结构才能够更好地保水。更好地保水也就意味着它的渗透性好,也就意味着我们在遇到自然气候灾害时土壤会让环境有更好的自保机制。

如果土壤之中含有的有机质是0.5%,那一公顷的土壤只能保水大概是8万升。但是如果土壤的有机质能够达到6%,一公顷土壤的保水量可以达到96万升,由此可见土壤有机质含量的重要性。

图4-2　左边是有机耕作的玉米,右边是常规耕作的玉米

图4-2是美国在1995年做的一个对比研究。左边是有机耕作的玉米,右边是常规耕作土壤上的玉米。在大旱的时候我们可以看到有机玉米因为土壤的保水性好,土壤的墒情明显会比较好,而常规耕作的玉米的灾情就比较严重。

还有很多研究现代农业高化学投入对于人体健康的影响。比如说对于幼儿、新生儿、胎儿的影响。多动症、自闭症等,也和农业生产过程中农药的过量使用是高度相关的。

从农业1.0时代到农业4.0时代。

无论是在中国还是从全球的角度,我们的农业已经从1.0时代发展到现在的4.0时代。农业的1.0时代,只把农业作为一个生产要素去看待。殖民化时期,殖民地宗主国为了榨取剩余的农业价值,当时在当地推动的工业化生产模式。这就是农业的1.0时代。

什么是农业的2.0时代? 就是说农业拉长了产业链,要做加工,要把二产业作用发挥出来,就是农业的2.0时代。主要追求的是农业生产的产业链拉长,以及农业加工之后产生的附加价值。

农业的3.0时代,则开始强调农业的多功能性。比如说农业不光是具有生产的功能了,还具有环保的功能,具有就业的功能,具有生态保护的功能,等等,这是农业的3.0时代。

而现在,我们面临的是一个新的农业时代,互联网+社会化的生态农业,就是农业4.0时代。也就是说,农业的一产、二产加三产结合起来,再加上互联网,就是农业的4.0时代。

过去我们都认为农业是农民干的,而农业4.0时代,则意味着农业把农民和市民都纳入到农业的参与者之中了。当然,农民和市民在参与过程中是不同的主体,市民的参与更多是一种社会化的参与监督的体验作用。

中国农业几千年来,是以灌溉农业作为我们农耕文明的一个重要基础。如何使用肥料也很重要,最常说的一句话就是"用粪如用药"。农民若用不好粪,就跟医生用不好药一样。所以堆肥,如何制作有效的肥料,如何肥沃我们的土壤,就是我们传统农耕之中的精髓。这也是我们总结传统农业的一个很重要的理论——"三才理论"。

所谓"三才",指的是天、地、人。三才理论回答农业是什么,农业是一个协调天、地、人的工作。天就是我们对于气候、对于物候、对于整个生态环境的理解;地就是我们对于土壤,对于肥料的理解;人就是在协调天和地之间的关系时,我们作为一个农人,怎么能够把天和地之间的关系在农耕过程中协调统一。

而我们传统的农耕文化,随着现代化的进程,越来越多的年轻农民进城务工,成为城市里打工者,乡村剩下了"三八六一九九部队",也就是妇女、儿童和老人。

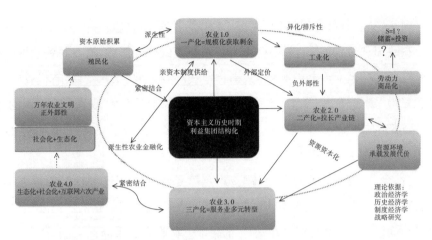

图4-3 农业1.0—4.0的演进

其实,农民在生态农业中的作用不仅仅是给消费者带来健康的食物,农民在整个化学化耕作过程中也是第一受害人。我曾经在美国种过一年地,发现农场主即使是在用生物农药的时候,也有很好的自我保护意识。比如说要戴口罩,要穿防护服,即使使用生物农药时都要采取这样的措施。但是在中国农村,这种保护意识很淡漠。我在湖南的一个农村,一上午跟了一个农民除草,他在除草剂稀释和使用的过程中完全没有自我保护,而他稀释除草剂的河流,当地农民还用于洗涤衣物等日常生活用品,甚至洗蔬菜。所以说,生态农业的价值,不仅仅是对于城市消费者的关爱,也是对于包括生产一线的生产者的关爱。

我们现在的农耕方式,工业化的种植和养殖方式,极大程度上破坏了我们生态系统的多样化。如果我们生态系统中没有了多样性,也就意味着我们的生态系统是非常脆弱的。大量使用农药和化肥,对于我们土壤的板结,水土的流失、污染等有很大的负面作用。

比如中国畜禽养殖业的污染排放问题,其根源在于我们过去的三十年之中,农业是照搬美国模式。我们把美国的大农业模式作为学习方向,而放弃了欧洲甚至是日韩那种更适合中国国情的农业模式。现在大量的畜禽养殖业粪便污染排放的问题,让各级政府都非常头疼。

国际经验：日韩与欧洲的"生态化+社会化"转型农业。

在欧洲和日韩的"生态化+社会化"农业模式的经验中，有一种说法"四洗三慢"。"四洗"就是乡村文化洗心，山林空气洗肺，小溪泉水洗血，有机食物洗胃。"三慢"则是慢城、慢食、慢生活。慢食运动源于意大利，现在慢食组织的力量已经变得非常庞大，他们有一个全球网络。随着慢食文化的推进，意大利又成立了一个慢城协会，在美国还成立了一个慢钱协会。

"社会化+生态化"的农业转型，重点就是让农业回嵌到社会价值之中。过去我们说社会发展是为了人的福利，但在我们过去三十年的快速发展过程中，似乎我们整个社会都是在为经济服务。农业应该重新回嵌到社会里，成为服务人的福祉这样一个重要的产业。

图4-4左半部分是我们传统的农业产业链，从生产者到消费者，中间可能有无数的环节，比如说批发商、零售商，在这个过程中还面临着信息的不对称，信任的危机等，在我们传统的产业链中都是巨大的问题。

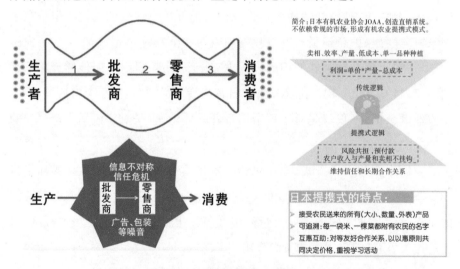

图4-4　日本提携农业模式

20世纪的70年代初期，在日本和欧洲一些国家兴起了社会生态农业的模式。当时这个模式日语叫作Teikei，翻译过来就是"提携"。其实从这个词中大家已经可以很清楚了解到，它强调的是生产者和消费者要互相提携，而不能再像过去一样,生产者给消费者下毒,消费者给生产者造假,然后消费者总认为自己是上帝,享受着被服务的这种快感,其实所吃到那些东西都是一些高添加、高农残的食物。

提携的模式或者说社会生态农业的模式,重要的是要建立生产者和消费者之间的信任。日本在20世纪70年代初期,开始发展提携农业模式,到今天,日本所有的生态农产品中,已经有超过50%是通过这种提携的体系来销售的。

社会生态农业CSA模式在20世纪80年代中期传到了美国,在北美开始兴起,随后在世界各地开始发展。这个理念在各个国家其实都有自己不同的模式和名称。在美国,现在大概有将近两万家这样的CSA农场和模式,其特色是由一个农场和一群消费者建立一个固定的产消关系。

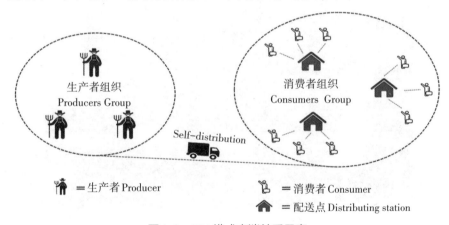

图4-5　CSA模式产消关系示意

生产者和消费者之间的关系就是CSA的关系。消费者提前预购或者预定生产者这一年要生产出来的东西,然后生产者按照产能要求,能产多少鸡蛋就给预购者定多少鸡蛋。CSA模式让整个生产过程对于生产者和消费者而言都是透明的,有信任可监督,这样可有效解决过去的信息不对称。这种模式已经发展了四十多年,目前全球有大概三万多个生产主体,涉及的消费者超过105万人。

CSA模式有哪些好处呢？它不仅仅提供健康的食物,还构建了生产者和消费者之间互信的社区。无论在哪个行业,信任的成本都是极高的。能够把信任建立起来,其实就是已经支付了很大一部分成本。通过我们的会员渠道,卖菜卖水果,卖自己养的鸡、鸭、鹅就容易了,消费者也不会再像过去一样只追求低价。

图4-6是英国伦敦闹市街头一个农夫市集,很整洁。过去咱们都因为农贸市场不卫生不健康等问题,就把农贸市场从城市里赶出去了。现在发达国家让这些农贸市场重新又嵌回到城市中心,经过重新规划设计,每个摊位看起来都很漂亮。比如美国伊萨卡的农夫市集,由政府来设计,把农贸市场变成一个很有意思的活动空间,有卖菜,有生活,还会有讲座等一些文化活动,现在这个农夫市集,成为了都市人选择健康食物的一个重要来源,重要的市场渠道。

英国伦敦闹市街头农夫市集

图4-6 伦敦闹市街头农夫市集

社区农圃、屋顶农庄都可以成为CSA理念的一部分。如美国纽约最大的一个屋顶农庄在布鲁克林,每天可以供给大概一百多个消费者需要的蔬菜。屋顶农庄还可以为大楼里的白领解压,这些白领因为日常的生活压力都非常大,所以利用工作之余到屋顶来种一种菜,缓解不少工作压力。

图4-7　美国纽约州Ithaca的农夫市集

图4-8　纽约市布鲁克林庄——屋顶上的农庄

农场主Roy是少数几个全职工人,办公室
的白领成为农庄临时劳动力的主要来源。

图4-9　布鲁克林屋顶农庄一览

　　慢食运动源于1986年的意大利小城,当时第一家麦当劳餐厅在意大利建立,像麦当劳这样的快餐,从生产端就要求标准化、工业化的生产,而在消费端又成为快速餐饮,这在慢食支持者看来几乎是把他们传统饮食文化统统打掉了,于是兴起了一场反对快餐的慢食运动。慢食运动倡导通过"优质、清洁、公平"的食物来传承文化、保护环境,目前已经发展到170多个国家,大约有800多个分会,超过20万会员。

　　我们曾参观了韩国一个专门以慢食作为城市发展亮点的地方,他们在城市里建设慢食小镇、都市农庄。图4-10这个场馆是慢食文化的一个展览馆,这个展览馆中除了有对于农耕文化的展览和展示之外,还讲解土壤的文化,包括饮食文化、种子、肥料等相关科普知识。这张图片中的建筑是美食方舟,英文称作Ark of Taste,在这艘船里设计了一些小的展室,展出的都是从各地搜集的在韩国将要消失的一些生产方式和生产品种。比如说一些可能很快就要流失的种子,或者传统的豆腐手工工艺等。美食方舟项目就是建立一个"食物的方舟",把这些要消失的食物记录下来,让当地的孩子、学校、教师,包括一些研究人员来参观了解。

图4-10　韩国慢食文化展览馆——美食方舟(Ark of Taste)

　　韩国的大都市里也建立了很多都市农业的项目,比如说在首尔街头的稻田，在首尔一个大厦里种的稻田，由此可见，都市农业的项目在世界各地都在兴起。我们争取也在北京推十到二十个校园菜园。印象中我小时候上学的小学有一个菜园，而现在学校的土地都硬化了，铺上了塑胶跑道，孩子们在学校就完全接触不到土地了。校园菜园这个项目的目标，是在每一个学校都建立一个60平方米的菜园，我们希望能号召几十位各界名人，让他们来认领这些学校菜园，然后我们找专人来管理，希望能够成为一个可复制可推广的校园菜园的范本，并扩展到全国各地。除此之外，土地还是建立孩子和食物、自然对接的一个桥梁。

2015年米兰世博会上，其中一项很重要的内容是关于都市和食物。米兰市政府要建立一个食物委员会，过去我们谈规划，一般就是要有多少工业的比例，要有多少的住房，每个小区附近要有银行有邮局有超市等配套。我们城市发展怎么和农业建立联系呢？城市本身一定会产生很多厨余垃圾。北京现在60%的垃圾都是厨余垃圾。厨余垃圾对于农业来说意味着什么？意味着肥料。可是这些厨余垃圾绝大多数都被填埋了，没有做到有效回收利用。

图4-11　2015年米兰世博会场馆

最新的规划概念就是把都市的食物体系也规划进去,把如何能最快最好地获得新鲜健康的食物,纳入到规划体系中去。为什么我们就不能让农民在城市里获得一个卖菜的地方呢?为什么我们一定要让这些市场被大型超市所垄断呢?

城市厨余垃圾应该在社区内以及周边形成循环,在周边农村进行堆肥,形成能量的循环,让新鲜的食物也能够以最快的速度运输到城市里去,这就需要整个物流体系包括我们规划体系的支持。

欧洲的一些转型城镇,北京的农夫市集,就已经将传统的农贸市场进行了很好的改变,让都市人也能够在城市的中心赶集。

(三)中国的CSA:从"小毛驴市民农园"说起

社会化生态农业希望通过参与式的保障体系,让消费者参与进来,就像在北京做的"小毛驴市民农园",既有市民自己种菜,又有我们的配送,市民每天在那块地里种,这个信任是天成的,不需要你去监督、认证。这种自然而然建立起的一种信任关系,比那些大家都不认识、记不住的认证系统更容易被接受。

"小毛驴市民农园"是中国CSA的典型案例之一,有将近五百多个家庭会在每个周末到这个农场,一个距离城市五十多公里的地方去耕作。很多老年人到了城市之后,生活很不适应,他们已经习惯了在农村或者小城市的生活,到了北京没有亲戚、没有朋友,连对门的邻居都不认识。这个时候儿女在城郊给他租一块地,一家人到这块地上来种菜,他们得多高兴。有的父母儿女没时间开车送他们过去,就坐公交车去。大家可以想象一下是什么样的热情,这些人愿意坐两个半小时来到农场,在一块30平方米的土地上耕种一天。中午还自带午餐,当然他也可以在农场的食堂吃饭。下午再干一会儿活,三点多出发再坐两个多小时公交车回到城市,把外孙女从幼儿园接回家。至少在北京,在"小毛驴市民农园"这个农场里,有不少家庭,他们的父母是以这样的方式度过周末的。

在"小毛驴市民农园"里工作的一位朋友说了一句话很有意思,他说自己和父母年龄差距是非常大的,这一代人大概三十多岁,父母有六十多岁,孩子只有几岁,似乎很难有一种活动可以把三代人牵到一起的。后来他们发现,种地是唯一一种一家三代人都可以参与的活动。孩子来到农场以后可以在农场跑来跑去,什么都觉得有意思,中年人来农场以后就打杂,老年人更有这种热情,他真的是要把这块地种好。在一块30平方米的土地上,从四月份到十月份种得最好的家庭可以种出来五百斤菜,基本上一家人从六月份到十一月份的蔬菜都不需要到市场上买了。

市民参与的热情完全出乎我们当初设计这个项目的预料。我们的农场也组织了大量的活动,比如"开锄节"等一系列的亲子活动,我们把一年的节庆作为活动,穿插在整个农耕过程当中。

市民的参与使得我们信任天成,这种信任的建立,让市民和农民作为共同的生产者,一起参与到了项目中来。

(四)社会农业"分享收获"

我在北京经营的"分享收获"农场,主要工作有四方面的内容。

第一,农场产品宅配。大概给北京六百到八百个家庭配送,他们吃的菜都来自我们的农场或者我们监督生产出来的产品,这个是我们最重要的工作。

第二,我们也做一些咨询管理的工作,协助全国的农场做规划,包括建设、运营的咨询。主要方式是通过培养农场经理人,通过见习制度,让他们真正了解整个农业的生产过程还有我们配送的过程,培养新型农业的价值观。

第三,"大地之子"活动,主要是跟饮食有关的教育内容,比如到学校去做食育课堂,还有接待到农场来参观的活动。

第四,公平交易项目,如分享收获五常大米、山西小米等。

"分享收获"农场最初的建立是由十几个消费者家庭预定了我们五年的蔬菜,也就是非常早期的众筹。那个时候我们不希望有资本的介入,所以,就采取了消费者预定五年蔬菜的方式,每家预付大概三万块钱,一共大概三十多万,就把这个项目创办起来了。

这些消费者绝大多数是来自北京的城市消费者,而我们主要是跟村子里面平均58.7岁的老农一起工作,而且绝大多数都是妇女,这些阿姨是我们日常工作的主要伙伴。我们团队是老农夫和新农夫在一起工作,老农夫主要从事从种子到生产到蔬菜采摘工作,新农夫主要负责生产、采摘整个过程的记录。因为我们每周都要发布一棵菜从种子到最后收获所有的生产记录,包括配送、客服这些是由我们新农夫团队完全负责的。新农夫的平均年龄大概是27.8岁,这也表明现在很多90后都希望加入到我们这个团队中来。

日常工作也不是说全部农活由农民干完,我们只管收菜去卖,我们的团队绝大多数时候是跟农民一起参与劳动的,产品的质量监督、整个链条的完善,都是由新农夫的团队来完成的。

我们建立了自己的标准和生产的档案,大米有自己的生产数据,如种植的年龄,种植的经验,是我们自己在全程参与监督的,我们要求农户做生产的承诺,每年派一个监督员去地里做监督生产,做生产记录,包括收割等信息传播。

大米生产承诺书

"分享收获"五常大米生产者承诺书

我,杜中才,分享收获五常大米种植户,我是个农民,我文化水平不高,不太会说话。现在是我说,我女儿杜艳玲写。这些稻子都是我和老伴儿,杜家村的乡亲们,还有分享收获的孩子张生辉一起种的。

我们每天起早贪黑,拔草、抓虫子,不为别的,就为了把稻子种好,能多收入一些,给孙女存钱,让她也像分享收获的孩子们一样,上大学。我和老伴欢迎你们到杜家村来,来看我们是怎么种稻子的,来和我们一起下地干活儿。我和老伴给你们焖大米饭,炸小鱼。

不扯远了,我想说,今年这批稻子我没用过农药,没用过除草剂,没有用有机种植不允许使用的化肥,是健康的。如果这方面有啥问题,我杜中才愿意承担所有责任。

承诺人:杜中才

2013/10/17

图4-12 "分享收获"五常大米生产者承诺书及承诺人

我们的五常大米基地有一百多亩的土地,常常需要三十多人同时上场,这个景象是非常壮观的。五常那个地方主要是朝鲜族人,很多都去韩国打工了,当地人越来越少了。因此在锄草高峰期,甚至要开一个卡车到镇上一下拉回三十来人一起来锄草。有机生产确实面临很大的挑战,我们也在不断实验一些新技术,比如稻鸭共作的技术,在稻田里养鸭,让鸭也可以吃一些草,其他方法也都在探索中。

当然,我们采用的营销方式依靠社会化的影响,主要靠口碑和消费者的传播。第一年是一百多个家庭,第二年是三百多个家庭,到第三年就差不多有六七百个家庭。

我们在农场里建设了一个食堂。来我们食堂工作的朋友们都要自己洗碗,无论你是什么人,你吃完饭自己去洗碗,洗碗用麦麸。因为很多洗涤灵都有化学品,而自然的麦麸去油效果非常好。麦麸上沾了油还可以拿去喂猪,所以,这个过程是一个零废弃、没有任何化学污染的过程。

我们也在做一些孵化新农人的工作,我们在农场提供一定的条件,包括大棚、资金的支持来孵化新农人的项目。比如有个叫"蘑菇"的年轻人就是我们孵化的新农人,他在做有机平菇,已经是第二个年头,也基本上建立起了自己的事业基础。

"分享收获"农场还孵化出来了一个互联网的项目,叫"好农场"App。我们的农场有六百个家庭,这六百个家庭每周都要送菜,送菜的时候要从将近二十个菜的品种里面选出不同家庭要吃的菜,这里面还包括鸡蛋、鸡、猪肉等。如果都以文档来处理这些数据,数据量是非常庞大的,还容易出错。以前就出现了某个会员点了一份茄子,结果送到人家家里的是一份辣椒的乌龙事件。

为了解决上述问题,我们孵化了"好农场"App的项目,并把这个App推荐给全国的CSA农场。每个农场都可以用这个软件来管理自己的会员。新的消费者登录到这个"好农场"App之后,就可以看到自己当地的好农场有哪些,就可以加入当地农场,成为会员。比如你在城市里选择浙江,就可以看到浙江区域里所有的优质农场,这些都是经过我们孵化团队筛选出来的一些农场,作为消费者可以就近选择成为某个农场的消费者和会员。

(五)中国的 CSA

目前,CSA 项目在全国大概有五百多个点,绝大多数分布在北上广深这些大城市的周边,它们的组成非常多样化。我们"分享收获"农场、"小毛驴市民农园"是以政府、科研单位支持及一些新农人为代表的。"江苏常州大水牛市民乐园"也是我们支持做的,开发商在开发这个楼盘的时候,周边有一块空地,最初想把那块地种成草坪,后来这个开发商看到一个报道 CSA 都市农园的新闻,就想,每平方米草坪需要花费维护的成本也是巨大的,不如干脆就改成市民农园,凡是这个小区里的市民,每人给他们一块 30 平方米的菜地。现在该楼盘里的社区居民就可以到他的农场里来耕作,效果也不错。

当然也有小农户自发形成的,比如说有一些 NGO 发起的项目。更多的则是中产下乡模式,城市里的 IT 中产,因为经常坐在办公室里,天天面对电脑,就特别向往田园生活,于是就有人放弃了自己原来的工作,在北京郊区租一块地,成为一个都市农夫。那么他在原来的工作中,已经形成了一定的人脉,比如同事、朋友、同学,这样,固定给朋友们进行配送,也是建立在已经有的互信平台基础之上。

还有一些是合作社和消费者发起的 CSA 的项目,比如早熟儿童家长的团购群,他们都是患者的家长,他们本身都是消费者,以组织团购的形式去寻找全国各地的生态食材。

另外一些类似的项目,也采取了不同的模式,不一定是建农场,也可以是建立餐厅、合作社等。杭州的龙井草堂、柳州的土生良品,它们的特色是食材都从生态的小农或者生态农场采购。

CSA 社会生态农业,因为不只是有农民的参与,还有很多是消费者或者说是市民的参与,所以被认为是都市食物体系的一场社会运动。过去土壤的治理、环境的保护、农业生态的修复,似乎只是专家或者政府才可以去做的事。现在,作为消费者的你也可以贡献一份力量,来跟农民一起来保护我们的环境、保护我们的土壤。

每五位消费者的加入,就可以保护一亩土地免受农药化肥的侵害;每三十户消费者的加入，就可以让一个农民采取这种有机的耕作方式；每一百户消费者的加入，就可以让五个年轻人返回家乡，成为新农民，在乡村里工作和生活。

所以，我们希望未来通过 CSA 的模式，让更多的生产者和消费者加入到社会生态农业运动中来，让更多的土壤、环境得到生态的改良，也让更多的市民、消费者吃到健康的食物，这个应该是我们生态农业发展的愿景。当然，也是我们整个国家和政府发展的一个重大战略。

在乡村一定有生产、生活、生计，一个乡村需要新的农民，这些新农民可能从事农业的生产、民宿的经营。另外，我们也需要有新农业，因为人人都要吃饭，要吃健康且安全的食品，一定要有人去种田。我们需要有新农人在农业一线，去种田、生产好的食物，这个才是可持续的农业。面向未来，不光是我们这一代人可以吃到好的食物，也应该让我们的子子孙孙仍然可以在我们的土地上耕种，让我们的土地更加肥沃。

有了新农人和新农业之后才有新农村，让我们的农村也变成未来更多年轻人愿意选择留下来工作的地方。

现在，包括我们团队的年轻人都有这方面的压力，绝大多数的家长都认为，终于让你上大学了，怎么又回来种田了？去年我们团队有一个小伙子，想自己种花生榨油销售，过年之后，当村子里的年轻人都离开村子回城务工了，村子里就剩下他一个年轻人时，他妈把他赶出来了。村里人都问，你儿子是不是有什么病？别人都走了，就他没有工作、没有媳妇，为什么要留在村里种地？

相信未来我们整个社会对于年轻人返乡，或者从事农业的大环境可以得到改观，可以有更宽容的环境，让真正愿意从事农业的人，快乐返乡，成为新农民！

四、世界范围内的社区支持农业CSA

在许多高度发达的工业国家,消费者对重新建立与生产食物的土地的联系的渴望和农民对忠实消费者的需要使CSA以及其他直接销售方法应运而生。然而,在大部分人口居住在土地上并且自己种植食物的地区,反而CSA不是很普遍。土壤学会的研究《收获中的份额》的作者格里格·皮利(Greg Pilley)说:"走遍非洲,我们会惊喜当地高度繁荣发达的本地食品经济"。

在亚非的许多地区,除农业以外的工作机会很少,在土地上工作是得到工资收入的唯一的选择,也是经济安全的唯一的希望。尽管条件很差,但人们仍然与土地联系。但是在欧洲,北美及日本,"发展"了的国家却打破了这种关联,几十年的自由贸易也使以家庭为单位的农场濒临灭绝,使以常规种植的小农场发现自己处在深渊之中,CSA将重新找回农业的完整性和经济上的成功。

人类的历史充满了特定的非农民群体与特定的农场联系的例子——中世纪的庄园,苏联曾把农场和工厂联系的系统或者特定的顾客和特定的农民市场的摊位保持稳定联系。在古巴,所有的机构都有义务在食品上自足,所有的公司和学校都有农场或者菜园,但是这些都不是我们提到的CSA模式。

图4-13　菲律宾玛雅农场

(一)CSA在日本

现代的CSA起源于日本。1971年一乐照雄(Teruo Ichiraku)警告消费者警惕在农业中使用化学品的危害性,并且发动了有机农业运动。三年之后,关注这些问题的家庭主妇们加入了大学研究者的队伍,成立了"日本有机农业协会"。同年,金子方德(Yoshinori Kancko)意识到他的农场不仅可以满足自己家庭的需要,还可以给其他人提供食物,他农场产出的大米足够满足10个家庭消费。

图4-14　日本农技推广的"最后一公里"

为了召集当地的家庭主妇,金子方德邀请她们参加一个阅读小组。她们在那里讨论身体与环境的统一性,整个食品系统的价值,传统日本饮食的健康性等话题。经过四年的学习和交流,1975年,他与10个家庭签订了协议,农场负责提供大米、玉米和蔬菜给这些家庭,这些家庭支付劳动和资金。

受过高等教育的消费者和像金子方德一样的农民们签订了协议,发起了"Teikei"(提携)运动,一直发展到今天。最初很多日本有机农业的支持者认为"Teikei"是连接农场和消费者的唯一有效的方式,但是在这之后的35年里,由于有机食品需求的增长和进口压力的增大,日本的有机农业不得不多样化开辟销售渠道。

(二)CSA在瑞士

20世纪70年代末,一些瑞士的生物动力农场招募成员,在收获季节来购买份额并且帮一些忙。鲁迪·博里(Rudi Berli)是一个邻近日内瓦的由十位农民组成的名为 Les Jardins de Cocagne 小组的成员之一,他告诉我们,创建者是受到在阿叶德(Allende)年代智利的集体农场和法国布列塔尼农民劳动者运动的鼓舞。雷托·卡多迟(Reto Cadotsch)和一些伙伴在1978年创建了有50个成员的 Les Jardins de Cocagne 组织。

他们第一年吃的都是芜菁。他们的工具不好用,而且土地是租种的,没有灌溉,没有房屋,可是他们的成员却非常支持。2005年农场仍然在租地,他们在17公顷土地上种植了50种蔬菜水果,有苹果、葡萄和草莓等。四百个成员每年至少做四个半天的农场工作,那些不工作的成员要为每个半天付额外的40美元。

农场工作人员负责装袋,成员负责运输一半份额,一个雇佣来的运输车运输剩下的一半。十个成员是农场的工作人员,收入是瑞士工人的平均工资加上福利。过去的二十年中,1%的农场收入捐给了一个在非洲萨赫勒地区的南北团结项目。根据鲁迪·博里的说法,很多年来瑞士只有三个CSA,但是受到法国人的鼓舞后,后来又建立了六个CSA。

(三)CSA在美国

1985年,简·范德图把CSA的概念从苏黎世附近的托平那堡,带给人在美国、后来在世界各地大力提倡生态与有机农耕的罗宾·凡恩。大约在相同时间,实施生态农耕的农民特劳杰·格罗将他一个人在布什贝格洛夫农场的经验所构想的CSA,带到了在新罕布什尔州创建的坦普尔·威尔顿社区农场。

随后不久,布什贝格洛夫农场也采用了许多在坦普尔·威尔顿社区农场的做法,好比设定成员人数标准以及召开讨论如何支持农场年度预算的会议。土地学会的调查表明,在德国有许多直接营销的先例,它们被称作 Erzeuger-Verbraucher-Gemeinschaft (EVG),但是没有多少像布什贝格洛夫农场一样的组织。

(四)CSA在马来西亚

20世纪90年代早期,在亚洲的国际有机农业运动联盟(IFOAM)会议上,TeiKei农民Shinji Hashimoto就他们的农场和营销方式做了介绍,但是没有多少其他的亚洲农民把TeiKei作为典范。在IFOAM网络的帮助下,我在马来西亚吉隆坡Kuala Lumpur的南边五十公里的地方找到了一个类似CSA的农场——GK有机农场。由冈(Gan)在1994年创建,一个大学毕业生抛弃了作为农业化学商人的职业而变成了一个有机农民。

根据冈所说,马来西亚的有机农民都是像他一样受过教育的人,而不是那些工作在土地上的农民。1996年,卡兹米(Kazumi)加入了冈,所以他们的农场的名字叫GK农场。他们提供大小不同的蔬菜和水果篮子并运送到吉隆坡商店,然后让成员自己去取。

大部分我所知道的关于GK农场的信息都是从它的网站上搜集到的。农场还有一个客房和可以搭帐篷的地方,但是2005年11月开始不再接受访问者。如果我在马来西亚附近地区的话,看到他们的照片和作物列表中的香蕉和木瓜,就会吸引我去拜访。

他们的农场哲学很吸引人:"对我们来说有机农业不仅仅是一种食品生产方法或是一种谋生的手段。它是一个具体的生活方式,指导饮食选择,消费模式,甚至是情感,思想和行为的方式。有机农业也是一幅我们应该完成的永具挑战的拼图游戏——一幅人类与环境和谐共处的图画。"

(五)CSA 在印度

在 Vasant 和 Karuna Futane 的农场,他们通过CSA 销售所有的作物。他们的生活方式受到甘地(Gandhi)、维奴巴(Vinoba)和福冈(Fukuoka)深刻的影响。他们是一个不寻常的

图4-15　印度农业

家庭,他们受到甘地和维奴巴简朴生活方式的激励,同时还与本地村庄进行多样性、建设性的扩展教育(对成年人和孩子)、女性赋权、部落权利、反醉酒游行项目合作,并且让农民了解到从农业企业购买转基因种子和化学品会导致负债的危险性。

他们有一个30英亩的农场,这个农场采用了福冈的自然农耕的理念。他们的生物多样性的农场在视觉上非常吸引人,这个农场明显显示出与周边橘树单一耕作的不同。他们消费以及用来招待频繁的、大量的顾客的90%的食品是在农场种植的,剩下的卖给在离农场不远的镇里的朋友。

每年年初,他们询问朋友那一年每种作物各需要多少,并且依此种植。他们收到了如孟买这样的大城市的订单和那些来自欧洲国家的富人愿意为"自然的"食品付费而下的订单,但是他们也更致力于为本地区提供质量好的食品……可能在我这一年的旅行中,我在这个农场中和这个家庭的经历能够激励我成为一个关注社区的农民。

(六)CSA 在英国

在20世纪90年代,遍及英国的小规模有机蔬菜农场建立了"箱子计划",即农场给预订服务的人们提供常规的箱装产品。这些箱子计划不需要更多的成员加入到种植、收获和食品配送中,而是在土壤学会的网站中提供了一个"如果建立一个箱子计划"的指南。

订购的方式在一些欧洲国家很流行,在丹麦更是受到热烈欢迎。托马斯·哈通是丹麦西部的Barritskov农场的所有者,在2004年NOFA-NY的会议上,他告诉我们他的农场在1999年成立时只为100个家庭配送份额,在他们进行名为Aarstiderne的网络营销后,份额成员在2004年暴增到4.4万个。

现在Aarstiderne仍以Harttung的农场为总部,提供从超过100个农场中来的600种有机农产品,并且雇佣110个人和30辆运输车。随行的还有使这项活动成功的关键要素——厨师Soren Ejlersen的菜谱以及生产这些食品的农场故事。哈通说,正如CSA,我们的顾客也要提前付费与生产者分担风险,不过我们是月付。在荷兰的农场使用"绿色荷兰盾":顾客可以提前付1000

荷兰盾,然后在自己选择的农场购物。

土壤学会的乔治·派立做了一个关于CSA的可行性研究,他认为,CSA对农民和消费者都好处多多:"消费者可以从有限的资源中得到新鲜的食物,拥有机会重新和土地联

图4-16　英国农业鸟瞰图

系,并开始对身边环境产生影响。CSA传递了环保的理念,如较少的食物运送里程、较少的包装和保护生态的耕作,并且看到了本地各具特色的食品再生产及当地更高的就业率,更多的本土加工、本地消费和本地货币流通以促进当地的经济。"

土地学会参与了"耕种社区"的项目,旨在帮助英国境内的CSA发展,并制作了一个57页纸的建立CSA的指导手册。该手册把CSA定义为"农民与消费者之间的一种合作关系,共同分担责任,分享收获……CSA共同致力于构建更本土、更公平的农业体系,这个体系允许农民关注于好的耕作实践的同时仍能兼顾农场的收成和利润"。这个手册也介绍了以下相关话题:如何找到土地,如何招募成员,可获得资金的来源,生产实践和运营成本预算以及不同种类CSA的案例。

2005年,土壤学会发现英国共有100种以上消费者与农民之间的合作关系,涵盖的范围从蔬菜、肉类、水果到苹果树出租项目、理念社区项目和城市菜园项目。浏览这些信息,会发现很多成熟的项目——苏格兰东北部的"地球分享"(Earth Share),格洛斯特郡的斯特劳德社区农业,在东埃塞克斯的泰伯赫斯普劳哈奇CSA(East Essex Tablehurst and Plaw Hatch CSA),还有其他地区一些新的CSA实践可供参考。斯特劳德和"地球分享"接受其他地区货币的付款方式,泰伯赫斯普劳哈奇允许人们在购买份额和对农场投资之间进行选择。

(七)CSA 在法国

尽管1977年7月我就在法国拉卡地亚的家门口收到过盒装的有机蔬菜，但直到2001年CSA才真正传入法国。从此，它像野火一样蔓延，2006年CSA数量达到了300个。之前，任何一个去法国旅行并经历农贸市场的人都会跟我一样惊奇——市场没有给予家庭农场足够的利润，廉价进口货以及快餐业的竞争让农民们濒临破产。农场主丹尼尔·威伦所说："农民的社会现实很悲惨。小农场正在逐渐消灭。在罗讷河口省和沃克吕兹省，大约3500个农民破产了，在耶尔市的600个蔬菜农场面临严重的经济危机。"

丹尼尔的莱斯奥利瓦斯农场在普罗旺斯的奥利乌勒镇，也面临相似的问题。威伦家族从1789年就在莱斯奥利瓦斯的10公顷的土地上耕作。丹尼尔和他的妻子狄尼丝于20世纪80年代初期接管。1987年他们在农场拥有一个摊位并把农产品销售到超市。1999年他们的女儿去纽约旅行遇到"仅是食品"，后来他们知道了CSA。次年，他们亲自去考察并现场参观了"罗克斯伯里农场"。回到家后，他们拜访了附近欧巴涅镇上的消费者活动家并描述了他们的经济困境。

2001年4月，他们把第一批40个份额分发给AMAP的成员，AMAP就是他们称呼CSA的方式。在开业典礼上，一个电视台记者问其中一位成员这样购买会不会很麻烦，她是否乐意采用这样的形式。安迪·布雷利亚诺如此回答："哦，当然！我很满意这种新鲜采摘的蔬菜，很高兴这样的健康饮食，而且农民们可以待在他们的农场，这是最重要的。"

两年之内，威伦家族销售他们所有的农产品给3个拥有70个家庭的AMAP小组，两个小组在农场取菜，另一个在欧巴涅取菜。他们财政状况良好，这也就允许他们全年雇佣4个全职职员。他们提供给成员每周简报——两页纸的农场新闻、份额列表及食谱。成员也可以从附近公司购买面包、鸡和鸡蛋份额。从成员那里获得支持对于阻止政府征收农田很关键。

图4-17　法国比利牛斯有机牧场

我在2005年冬天访问莱斯奥利瓦斯农场,在围绕着农场的繁茂的绿荫之中,无法想象房屋和繁华的商业活动都隐藏其中。从航拍角度看起来有点像迈克尔·艾伯曼在圣巴巴拉的著名的公平远景农场的照片。在这个乡村绿洲中,有4公顷的蔬菜,4公顷的果树,1.5公顷的温室和美丽的老式农场房屋。

丹尼尔夫妇在挽救了自己的农场后,他们在法国的农民和消费者活动中宣传AMAP的理念。2001年5月,他们创建了普罗旺斯联盟,这是一个帮助普罗旺斯省内农场形成AMAP的组织。普罗旺斯地区政府也因为经济发展因素很快变成了一个商业的合作伙伴。

2004年,该地区有将近100个AMAP,大家组建了6个分支区域,每个区域都由一些有经验的AMAP农民和一些活跃的消费者统筹。在农场上和其他农民会谈时,丹尼尔会以工作坊的方式向大家介绍AMAP,狄尼斯则负责沟通协调工作。他们创立的一个全国性的交流网站更是大力支持AMAP的发展。

正如土壤学会的网站提供了关于如何建立一个AMAP的详细的信息,并且引导消费者如何找到离他们最近的那个AMAP。信息中建议采用每周收费或是以劳力交换的方式,让更多低收入群体加入。

威伦夫妇具有感召力的热情和普罗旺斯联盟都有助于国际CSA网络Urgenci的建立。迄今为止,这个网络已经资助了两个分别于2003年在法国和2005年在葡萄牙举办的两个国际会议。会议旨在分享世界各地社区支持农业的经验,两次会议的参与者大部分来自英国和西欧,但也有一些来自南北美洲、澳大利亚、日本和非洲。

第二次会议主题是选举理事会成员,制定内部章程和为未来的办事处寻找办公地点,之后选举出来的理事会顺利完成了后面两个任务。根据章程,"Urgenci的使命是在全球范围内促进本地农民和消费者团结合作,这种合作是农民和消费者之间的一种平等的承诺,通过这个承诺农民获得公平酬劳,消费者分担可持续农业的风险和收益"。

目前主要的活动就是促进信息交换并且拜访不同国家的合作参与者。你可以在urgenci.net网站上读到更多的约定与规章。欧巴涅镇和普罗旺斯省带来了资源,提供了一个办公室和一个工作人员的工资。

(八)CSA 在葡萄牙

我非常荣幸收到了在2005年葡萄牙帕尔梅拉CSA大会上的演讲邀请。会议之前,我们花了三天时间观察葡萄牙社区支持农业。致力于乡村发展的机构推动Reciproco从领导者项目筹资,领导者项目发源于欧盟范围内,已经在25个成员国家建立了1000个项目。领导者项目有八个特点:底层发起组织,本土方法,城乡合作,网络推广,地方化资金管理,地区内合作,多部门整合和创新。在会前的参观中,我们拜访了ADREPES和TAIPA(葡萄牙的52个乡村行动组织中的两个)。作为试验项目,ADREPES和TAIPA在帮助农民与消费者通过CSA模式连接起来,这是一种适合领导者模式的方法。

在葡萄牙,全球竞争和欧盟共同农业政策(CAP)带来的经济压力和法国当时发展AMAP的背景极为相似。由于不能与大规模工业化农场相竞争,城郊地区的农民正在将他们的土地销售给开发商。在更加独立的乡村地区,年轻的一代正在放弃他们祖辈维生的农场而在城市寻找机会。Reciproco为这些农场提供市场和新的希望,可以给农场的孩子们一些留在村庄的理由。

卡洛斯之前一直都在波切为批发市场种植蔬菜,他得不断调整种植品种来适应市场的需求。近几年他给里斯本超市的供物销量受到其他欧洲国家低价蔬菜的冲击而缩减。在ADREPES的帮助下,他谨慎尝试Reciproco提供蔬菜份额让消费者在里斯本的"葡萄牙乡村商店"取菜,该商店销售区域性的农场产品。在最初的七周每周的配送份额增长到32个,而他的目标是50个。尽管他和妻子及两个帮手工作在7公顷的沙质土壤上,但他相信通过他的努力可以提供100个份额。每周的篮子里包括14种产品,其中一些来自与相邻农场交换的产品,消费者按周付款。卡洛斯曾犹豫是否要求提前付款,因为他害怕他可能不能够像承诺的一样提供所有的产品。我们去参观那个商店时,看到了两个不同大小的篮子,分别装满了生菜、芜菁、菜花、柠檬、香菜、卷心菜、土豆和西红柿。卡洛斯告诉我,上一周他忘记了芜菁,结果顾客就此抱怨。

再往南方的奥德米拉地区,TAIPA已经在小村庄柯尔特布里特组织了一个农民小组,给本地的消费者提供蔬菜份额和鸡蛋。农民们手工制作了篮子并且使用传统方法种植蔬菜。他们将产品带到一个中心配送点,将产品在篮子中组合成三种不同重量的份额,并轮流配送到三个周边镇的配送点。他们询问每个消费者不喜欢哪一种蔬菜,所以每个篮子的产品都不是完全一样的。就像卡洛斯不期待他们提前付款,可是他与顾客签订了6个月的合同并同意每周付款。到目前为止,那些不能取菜的顾客也根据承诺付款了。这些蔬菜要比与之相似的、高质量的商店的新鲜蔬菜更便宜。在TAIPA工作的三个年轻妇女告诉我,对于农民来说改变很难,所以项目的一个重要方面就是提高农民的自我认同。TAIPA项目提供给农民文化和商业的培训以及有机生产需要的技术方法,TAIPA同样在消费者中推动Reciproco的理念,并组织农场参观和橄榄采摘日。下一步,TAIPA想要建设一个加工中心来制作果酱、甜点和其他产品,同样用奥德米拉商标出售。

我们拜访了三个非常小的农场,大部分工作都是手工完成。我们看到的田地更像一个种植了多样作物的大菜园:西兰花、菜花、甘蓝、菊苣和胡萝卜。在这个季节,杂草非常多,但是农民看起来并不担忧。每个农场都有果树,包括橘子、柠檬、苹果、橄榄、橡树,各种各样的家禽,甚至有个农民还有一窝关在笼子里的野猪。农民安德烈·阿纳斯塔斯告诉我们,他将粪肥放到地沟里,他还在毛驴的帮助下翻地。当害虫造成太大压力时,他才使用合成杀虫剂。在Reciproco之前,由于没有市场,他将多余的作物喂猪。另外,我们所看到的最大的农场是由一家三代共享的1公顷土地。男人在农场外种植和切割桉树、收获橡树皮。他们使用旋耕机和一只毛驴来耕作,大部分产品供给自己家庭之用,而那些幸运的住在这些农场周边的人可以吃得很好。奥德米拉的组织者为会议嘉宾在参观时举办了两次丰盛的大餐,他们用好酒、奶酪、熏肉和多种多样的火腿、蜂蜜、果酱和面包还有沙拉、蔬菜和新鲜的柑橘宴请我们,曾为自己的旧式农耕感到不好意思的农民,在与我们分享收成时却充满了自豪。

(九)CSA在澳大利亚

2005年在帕尔梅拉会议上,我听到了很多其他国家CSA的故事。罗宾·西格雷夫和凯斯·克拉贝是一对来自澳大利亚的夫妻,来会议学习CSA。凯斯是一个来自荷兰的农民,他的澳大利亚妻子一直劝他尝试CSA。缺水对于他们所知道的塔斯马尼亚的CSA是一个最大的困难。我通过网络查找澳大利亚的CSA,找到了米姆斯布鲁克农场CSA,2005年开始时是一个非营利性质的,布里斯班有机食品连接,它提供从多个农场来的产品,很像马萨诸塞州马布尔黑德的消费者经营的农场直销合作社。来自比利时的帕特里克·德巴克告诉我食品小组建立CSA的方法。帕特里克作为其中的一个组织者,从一个镇到另一个镇来招募成员小组,当他登记满20个家庭时,就帮他们联系最近的农场。截至2005年,在佛兰德斯的90个食品小组共有1600个家庭。

(十)CSA在中国

CSA通过美国传到中国的北京地区。2008年,中国人民大学农业与农村发展学院的博士研究生石嫣在美国明尼苏达州的地升农场工作了半年,学习如何经营一个CSA农场。回国之后,她与国仁城乡科技发展中心的管理团队一起创办了小毛驴市民农园。国仁城乡科技发展中心是石嫣的导师温铁军教授发起的,温教授一直在中国推动生态农业。小毛驴市民农园有两种份额成员,这是一种创新性的 CSA 和社区菜园的混合体。其中一种是普通份额,每周农场都将新鲜蔬菜配送到成员家里,品种和数量都根据每周

图4-18　新农人石嫣

的产出决定;另外一种叫劳动份额,每个家庭都有一块30平方米的土地,成员需要每周自己劳动和收获。这两种份额方式的成员都要在种植季节之初,签订一个风险共担合同。小毛驴市民农园中的农民来源于农场所在农庄,同时农场还接纳一些实习生。

尽管北半球发达国家的消费者正在关切吃本地种植食品的重要性,强调合作、公平贸易和社会公正的另类经济项目在世界很多地区涌现,但是跨国合作的全球工业化浪潮至今仍未停歇。

Teikei、CSA、ASC、AMAP、Reciproco、Voedselteams 的出现展示了不同地区的消费者和农民正在回应相同的全球压力。这样一种组织有如此多样化的形式是一个令人鼓舞的信号。一旦它们获取了基本的运作规则,农民和公民消费者在各自的文化中会根据本地情况采纳 CSA。每一个本地食品项目根据它的创始人的品味、天资、需求和资源而成型。我们相互支持和学习得越多,我们就能更快地向可持续和和平的社区前行。

作者:伊丽莎白·亨德森　译者:石嫣

五、中国有机农业与支持农民的 CSA

过去二十多年,评论员把转基因作物称作解决世界食品危机的灵丹妙药。然而,想要避免土壤的进一步退化、自然栖息地的破坏和空气与水的污

染,同时让粮食显著增产,以养活持续增长的世界人口,农业仍需吸纳多种方法。

中国正在推进这种混合策略,这给世界其他地方提供了一个非比寻常的实验室。从2003年到2011年,中国谷物增产了约32%(是世界平均水平的两倍多)。其中主要靠的是改善低效农田的效率。然而要满足未来二十年中国的预计需求,仍需要增产30%-50%。

中国几乎没有更多可以开垦的土地,而且有些地方水资源短缺已触及警戒线。更糟的是,化肥滥用是空气污染的罪魁之一,而空气污染是造成每年成千上百例早逝的主要风险因素。滥用化肥也导致众多河湖、沿海地区受水华之害,其中以华南为甚。

受如此迫切的需求驱动,为了生产更多的粮食,也为了减轻农业的环境危害,中国科学家正运用政府资金致力于提升粮食产量至其生物物理极限。

关于如何用最少的经济环境成本换取最大的产量,发展中和发达经济体要向中国寻求指导,整合包括基因改造在内的各种实验和建模研究。

(一)多种方法让农田更肥沃

在美国,人均耕地面积有半公顷多一点。相比之下,中国14亿人,人均可利用耕地仅有十分之一公顷。中国有2.3亿块农田,其中90%多都很小,比如,华北平原一块典型的农田大概7米宽,160米长。这些农田的所有者经常在临近的市镇有其他工作,而土地又如此之小,对他们来说,投资机械设备和全年作物与土壤管理没有什么经济意义。同时,连年耕作耗尽了中国许多土壤的天然营养储备,而肥料滥用又造成了土壤酸化。总体上,施于土地的肥料只有不到50%被作物吸收了——剩余的大部分都泄漏进了环境。

面对此种挑战,中国农业科学家正试图通过农田生态系统分析,给玉米、大米、小麦等本国主要粮食增产。在试验田和农田研究中,他们追踪了水、营养、遗传物质、太阳能与化石能源、人畜力等输入产出项。例如,通过化学检测雨水和灌溉水、监视化肥和粪肥的添加量,研究人员估算出了进入系统的营养物质的总量与种类。通过调整重复实验田的条件和方法,并经过多年跟踪,各类输入产出已经能够达到最优,能消耗最少的资源和营养物质获得最大的收益。

一个由中国农业大学带头、16所院校及研究所共同参与的项目中,研究人员在过去5年研究了11个省份、将近500块实验田里玉米、大米、小麦的生长。迄今他们已经在实验田中获得作物增产和氮肥效率提高30%~50%。

研发新作物品种和杂交品种的基础研究,也是增加作物产量和减少环境危害的一个重要部分,其中转基因技术近年变得日益重要。

中国首例获准商业使用的转基因作物——转基因Bt棉的种植,让农民自1997年起增收约6%,减少杀虫剂使用大概80%。即便中国公众对转基因粮食作物持谨慎态度,中国政府仍于2008年建立了一项耗资250亿人民币(相当于当时37亿美元)、针对转基因的12年研发计划。仰仗省级政府的资助,该计划得以囊括中国的主粮作物。

农学家同时在以下方面开展了研究:茎、叶、谷粒的生长过程中水、营养和阳光的分配;土壤构造和根部化学过程的作用;生物、化学、地质作用如何决定土壤性质。这些研究让我们能知悉使用肥料的最佳时机,决定种植日期与植株密度,可以更好地利用水和阳光。例如,得益于近来在20个省份、5000多块试验田进行的一项根区养分管理研究,由中国农业大学带头的一个团队在7年的时间里,使作物平均增产12%,同时减少了24%的肥料使用。

(二)已经取得的成果

得益于从实验田和实际农田里学到的知识,中国科学家已经在维持产量的前提下把肥料使用量降到了经济最优水平。

2003年至2006年,一项囊括49个位于华北平原和太湖地区的真实农田的田间试验的研究里,在不造成大米、小麦或玉米减产的前提下,来自各机构的研究人员减少了30%~60%的肥料用量(此研究支持了前文提到的肥料利用和效率的其他研究)。其他一些生态系统建模得出的结论也很有前景。

为了实现全国粮食增产30%~50%的目标,中国政府在农业研究的投入从2000年的70亿人民币提高到了2009年的244亿人民币,是原先的三倍还多,分别占国内生产总值的0.36%和0.66%。

自2008年起,国家已经给发展现代农业技术的全国性组织网络分配了30亿资金。这一网络成立之初即包括50所高校、340家研究所、200家公司以及超过2000名农学家。

即使如此,把如此多的研究结果转化成大量的小型农田实践,依然是一项严峻挑战。为了完成知识到技术的转化,过去,中国政府在全国主持了12000多项研发主导的作物和土壤管理示范,同时建立了一些项目津贴,比如在指导农民肥料添加的用时用量的试验里投入了15亿人民币。

中国农业研究需要紧跟不同寻常的社会变化,还要关注日益增长的粮食、资源和环境需求。随着数百万人涌入北上广等城市寻求工作机会,南北方农业中心劳动力将日益短缺。农田可能会合并,一个人就要管理几公顷土地。另一方面,随着更多的肉类和奶制品需求,饲料进口将增加。2012年中国将近80%的大豆(5840万吨)都是进口的。

中国这种数百万小块农田组成的农业系统很特殊。然而中国农业研究的视角、质量和历程,还有应对基本环境挑战的意愿和需要,值得印度、孟加拉国等国从中国科学家和系统中获得指导。欧洲、北美、新西兰、澳大利亚等地的农户同样能从中国的方法中学到东西。节约资源,减少环境影响,应对气候变化,不断增产,这些对每一个国家的发展都是至关重要的。

六、CSA 如何让农民过上有尊严的生活

社区支持农业是什么?

一是本地化,它解决的是因为经济全球化带来的社会问题,我们希望所有的这些社会问题在本土都有很好的切入口可以解决。

二是生产者和消费者之间,我们希望更多的生产者从整个流通环节中获益,就像很多宣传的口号一样,能够让农民依靠土地过上有尊严的生活。

(一)CSA绝对不只是一种买卖关系

CSA表面上只是把一些消费品卖给消费者,但其实它有很丰富的内涵。

它的文化是什么?　比如说环境的保护,比如说本土的贸易,比如说构建城乡的关系,比如说一种对于生活方式的认同,一种对于农民生产或者生活方式的认同。

还有包括对于粮食安全、生产消费,要减少农业对环境的污染,也同时是CSA所强调的文化。所以CSA绝对不只是一种买卖关系,不只是从我们田间地头把农产品销售给一些消费者,更重要的是它形成了一种新的文化。

从全世界的角度来看社会生态农业,现在不光是最早出现的发达国家有,甚至在一些非洲国家也出现了一些新的产消之间的模式,在英文的词汇中它叫CSA,但其实不同的国家也有很多不同的名称。

(二)CSA没有全球固定的模式

CSA一直说它没有全球固定的模式,不是说哪一个模式就是CSA,或者哪一个模式就不是CSA。

CSA在每个国家的名称都不一样。在法国叫AMAP,意思是"保护小农生产者联盟"。意大利的CSA是1994年开始,而且它和欧洲文化的起源息息相关。在意大利,CSA的简称叫GAS,意思是"以团结为基础的购买小组",即消费者的共同购买群体。

法国现在已经有近五千家CSA农场。各个国家的农场因它的组织模式不同,也有很多不同的组织形态。法国CSA的组织形态也很有意思,其实是由消费者来进行CSA的运营,也就是所有的会员的招募,包括会员的收费,会员活动的组织,所有的这些都由消费者的群体自己来完成。由消费者来找到一些不同的配菜点,每个农场都把自己的产品送到配菜点上,由配菜点统一来安排消费者的配送工作。它的组织形态和中国的CSA模式也有很大的差异。

(三)CSA有很强的扩展性

从全球来看CSA的模式,我们所说的生态农业绝对不只是生态模式,人与人的关系也是生态化的,我们和消费者的关系是生态化的,我们和生产者的关系是生态化的,我们和环境的关系是生态化的。

所以它形成了这样一个理念,包括生产者的福利,例如社区的金融、能源、资金,可能都在CSA外延之中。

在世界食品与营养的论坛上,论坛的主席曾说:"我们都知道问题是全球化的,但是解决方案一定是本土化的。"

(四)8亿人正在挨饿,5亿人营养过剩

目前,全球粮食生产是超过我们的需求的,也就是30%食物还没有到餐桌之前就被浪费了。但现在仍然有8亿人口处于饥饿状态,4亿—5亿人口有肥胖病以及营养过剩的问题。食品安全的问题不仅是对于我们饮食安全的挑战,甚至是对于社会的可持续发展都是一个严峻的挑战。

另外,中国的农业源污染已经超过世界的平均水平。在中国崛起的中产阶级群体,对于绿色和环保的需求,也是CSA兴起的一个非常重要的背景。

CSA不只是一个农业、生产,或者不只是城乡之间农产品的贸易,它更多涉及的是食物体系如何规划。我们的食物体系需要系统设计,才能让我们的饮食更安全、更健康,更容易获取。

在一次国内CSA大会上,有一位中国台湾朋友说:"CSA就像点缀在城市周边的珍珠,那么漂亮那么迷人,但它的作用不能辐射到所有的人。可是当你把这些珍珠穿起来的时候,一定是城市周边最漂亮的风景线。"

我们应建立一套把食物配送到本地社区的循环模式,在城市周边与郊区结合部形成城市中心、物流中心,把这些CSA的产出从城市的周边地区运输到城市里来。

(五)艰难现状:资源少,任务重

从全球范围看,虽然我们没有一个特别准确的统计数据,但是目前全国大概有超过500家对接的农场或者小组,这些农场不光是在一线城市,在二三线城市也有。

比如说像农场形式的"小毛驴市民农园"、"分享收获"等,NGO组织发起

的CSA项目,还有大量的中产阶级,返乡青年从事的CSA,包括NGO和消费者群体发起的。这也是最近几年很多地方构建的基于本地市集的平台或者消费者的平台。

但是,我们现在仍然存在着一个严峻的问题,即生产者和消费者双方的结构是非常分散的,城市的政策是有利于还是可能阻碍更多本地化的农产品进入城市? 是不是有可能通过更多政策的改变,能够使得这些小型生产者找到市场,并且能够降低找到市场的中间环节? 还有我们说的参与式保障体系,对于生产者来说它的意义和价值,是否应该基于生产者自身的组织和需求? 还是说参与式保障体系并独立于第三方之外的对于生产者的需求?

有数据表明美国全国一年对于公共营养教育支出的投入只相当于可口可乐公司一年广告投入的1%。换句话说,我们要以什么样的力量,面对于这些利益集团,让我们吃得更健康? 因为99%的资金更多是用在的广告和媒体上。

为什么我们的工作很多时候是如此之难,因为更多时候我们用这么少的资源,却想做更大的事。我们也希望通过政策层面的改变,譬如说增加公共营养,增加公共教育等,学校周边多少范围之内是不能有快餐店之类等,通过一些政策要求,进一步促进我们的健康体系建设。

(六)两个关键问题:市场 + 信任

对于CSA来说,有两个很重要的方面,第一就是市场,这些小农户如何找到市场,这是我们未来需要构建的CSA+公平贸易应考虑的,市场是我们这个环节的重要一部分,另外更重要的一部分就是信任。

像日本的消费者说他们不需要任何认证,不需要PGS,那是基于这个组织建立得足够大,建立的时间足够大。譬如说在北京市顺义区能够把农场农资投入的产品进行购买,这些农场可以先不进行产品上的合作,当农场及大家在说消费者应该组织起来的时候,所有现场的生产者也会重新组织起来。

但我们面对的一个很大问题就是投入品的问题,肥料使用上为什么用鸡粪,为什么不用农场的肥料? 任何一个农场单家独户是干不来这个事业的,对于一个单体农场来说这是一个巨大的困难,所以我们要考虑地区化的组织。未来的PGS一定是基于本地化形成区域化的网络,这样才有可能破解现在市场信任这两大难题。

100年前美国的土壤局局长①就开始反思,为什么东亚的土地能够养活那么多人,还是可以保持地力不变。

这也是一个好的开始,我们要"回家",我们的生态农业也要"回家",我们希望让更多的中国人,让全世界的人都能够看到我们生态农业新的崛起!

七、去标签化:大农场和小农户的浪漫想象

现实的农业是复杂的,因而无论是否从事有机生产,对于农业模式的选择都不存在一以贯之的最优模式。唯一存在的只是,依据现实约束,因地制宜选择适合当地自然资源、生产条件、社会和经济结构的农业生产模式。为此,去除对农业的标签化认知,特别是关于大农场和小农户的浪漫想象,重新认识农业就显得尤为重要。

中国是一个农业大国,有着数千年的农耕历史和与之相适应的社会、经济、文化结构。在这样的传统之下,如果说中国社会缺乏对农业的正确认识,恐怕很难得到普遍认同。然而,这却是一个不容回避的事实,即我们对农业的理解始终处于标签化的状态之中。以1911年辛亥革命开始的中国人追求"现代化"的进程为分水岭,在人们的认知中,农业无非存在两类模式:一是以大型拖拉机和规模化单一耕种为代表的美国大农场农耕,其代表着先进、科技、现代和高效率,替代了中国传统小农户种养结合的生产方式成为一种现代化标签;二是以分散、小规模、传统生产模式为标志的小农经济,并且对小农经济的设想又分为了两类,分别是以"采菊东篱下,悠然见南山"为标签的浪漫设想和以"愚贫弱私"为符号的小农意识与形象。

无论对于普通中国人还是对于农业专业的人来说,大农场都是中国人由

---

① 此处"美国的土壤局局长"是指《四千年农夫》的作者富兰克林·H.金,他于1909年赴中国、日本和朝鲜东亚三国考察农业生产体系。

农耕社会向工业社会转型进程中对传统与现代分界的浪漫想象。至于小农经济,"愚贫弱私"的想象用于批评农民,"采菊东篱下"则用于逃离繁杂的城市生活。至于真实的农业、农村和农民究竟是一种怎样的状态,少有人问及。尽管"三农"问题多次被中央政府强调是全党工作的"重中之重",但在实际情况中,"三农"问题仍然处于边缘化的状态。城市资本和资源集中,智力资源也集中,乡村因资本高度稀缺并不能形成对发展模式的自我选择,因此,对于正在进行农业改造和乡村实践的人,去标签化就显得尤为重要,它直接影响了人们对农业模式的选择,甚至生活方式乃至文化传承。所以,去除标签,重新认识农业是做好农业之前最重要的功课。唯有如此,我们才能轻装上阵,做出有利于农业改造和乡村建设的创新和实践。

(一)传统农业的想象与现实

对于传统农业,中国社会普遍存在两类想象,而根据它们各自的内容和特征,可以将它们分别称为"乡土的浪漫"和"狭隘的偏见"。其中,"乡土的浪漫"主要源于古时士大夫们的设想,如陶渊明的"采菊东篱下,悠然见南山",辛弃疾的"大儿锄豆溪东,中儿正织鸡笼,最喜小儿无赖,溪头卧剥莲蓬",苏轼的"村舍外,古城旁,杖藜徐步转斜阳,殷勤昨夜三更雨,又得浮生一日凉"等,均集中体现和反映了知识分子对传统农业和乡土社会的浪漫想象。在这种亦耕亦读、耕读并举的乡土生活想象中,寄托着知识分子对家乡的怀念,同时也多少带有一些对于社会现状不满却又无力改变的逃避。到了现代,这种乡土的浪漫呈现出一种小资情怀。因为烦扰于城市生活的繁杂、冷漠和压力,人们沿袭千年文化中的乡土情结,多少有些"一厢情愿"地认为乡村生活是单纯质朴和轻松愉悦的。

与乡土的浪漫相对应的则是"狭隘的偏见",在这种偏见中,沿袭千年的小农经济模式被贴上了"落后、低效率、不科学"等标签,而经营小农经济的农民则是愚贫弱私的,他们知识匮乏、目光短浅、贪图私利、穷困积弱。这种对农民的认知虽然充满了偏见,但因为被普遍认同而导致"小农意识"成为了愚贫弱私的代名词。在进入现代社会之后,这种狭隘的偏见依旧未被予以纠正。相反，由于对"产业化、规模化、高效率"大农场的设想，小农经济以及与之相伴生的小农意识被更深地烙上了封建、落后的标签。

事实上，翻阅中国的农业历史，虽然"乡土的浪漫"反映了农业的文化和生态功能，"狭隘的偏见"也具备一定的现实性。但是，这两种想象均未能描绘出真实的传统农业和真实的农民，以偏概全的特质让"乡土的浪漫"和"狭隘的偏见"具备强烈的标签化特质，严重影响了人们对农业的认知以及对农民的理解，是乡村建设中必须予以厘清的问题。

中国自7000年前开始驯化野生稻种，以灌溉农业为主体的东亚农耕文明一直持续了几千年，这种耕作方式的形成是一种适应性选择，它不仅符合中国资源和人口相对紧张的自然制约条件，并且依据特有的资源限制形成了与之相适应的耕作模式。众所周知，中国耕地资源仅占世界的7%，水资源占世界的6.4%，而水土光热配比的面积不足国土面积的10%，适合耕作的土地很少，多是山区丘陵地带，不适宜大型机械耕种，自然演化形成了手工耕作的农业模式。同时，由于农耕社会商品经济并不发达，货币化程度极低，作为一个农业大国，农业对于中国社会并不仅仅是一种为社会提供农副牧渔产品的产业，它以农户的生计为基础，种养殖结合保证了农户一年的口粮和肉食供应，还包含了就业与社会保障、文化、生态等多种功能。因而，中国农耕文化的真正核心在于其多样性的生态文化内涵，而这种兼容的多样文化的最好体现地就是中国的乡村。

世界上没有任何一个国家有中国如此之多的生活形态，无论是在一马平川的平原地带，还是在八山一水一分田的丘陵山地地区，抑或在有水有田的桑基江南，中国人以其相对匮乏的自然资源，养活了众多的人口，并且创造了最少使用资源和最高度利用在地化资源的生活形态。每个乡村都有其独特的语言、农作物、建筑风格、手工业、服饰、饮食文化……"十里不同天"大体描述的就是乡村的丰富和多样变化。尤为关键的是，除了多功能的多样性特质，传统的小农经济并不像人们所设想的那样低效。事实上，《四千年农夫》中就有对于中国传统农业效率的描述："这一农用土地的供养能力为每平方英里3840个人、384头驴、384头猪,或者说一个40英亩的农场供养240个人、24头驴和24头猪,而我们的农场主们则认为40英亩对一个家庭来说太小了。"①换言之,传统农业是高效率的、生态的、多功能的,而并非像"狭隘的偏见"所设想的那样落后和低效。

但是,农耕生活并不浪漫,至少并不总是浪漫的。毋庸置疑,如果你热爱自然、土地和作物生长,农耕生活确实会带来身体的灵敏和心灵的平静。然而,这并不意味着农耕生活是没有风险和安逸闲散的。相反,农耕生活的风险极大,并且非常辛苦。有句老话"看天吃饭"形容传统农业的一个特点,意思是说农业受到自然界影响很大,如果没有设施的话,风调雨顺则五谷丰登,反之则可能颗粒无收。除了自然风险,农业生产还存在巨大的市场风险,一旦遇到某一年市场信息把握不好,种植和畜养的产品销售困难,就意味着全家的生计都会陷入困境。同时,因为机械化程度低,农民生产的过程是纯体力投入,风吹日晒的辛苦劳累是无需赘言的。并且,与工业流水线生产不同,种子播下去后,每天都需要伺候打理,不存在周末、公休和节假日。与"烟雨蒙蒙鸡犬声,有生何处不安生"相伴随的是"锄禾日当午,汗滴禾下土"。

至于所谓的"小农意识",传统中国农业社会因为农业的剩余本来就少,加上每个独立的农户要承担从种子到市场所有的风险,而农民手里的余钱剩米又非常有限,他们不可能再有剩余资本用于人力资本或生产技术投资来实现生产改进,农民唯一的选择只能是一代代延续父辈的农耕模式。用"农户行为理性流派"创始人舒尔茨的话来表述——"在传统农业生产模式下,农民根据长期的生产经验,已将其所能支配的生产要素作了最佳配置,继续增加传统生产要素的边际产值很低,因而农民不会将省吃俭用增加的储蓄来投资改进生产技术。"在化肥、农药、生物制剂出现之后,农户最为理性的选择就是使用更多的农药和化肥来提高产量、改善品相,降低自己的生产风险。因而,就中国的农民而言,他们的行为特征就像历史学家黄宗智所描述的:任何农

---

① [美]富兰克林·H.金.四千年农夫:中国、朝鲜和日本的永续农业[M].程存旺,石嫣,译.北京:东方出版社,2011:3.

户都在追求基于自身价值偏好所形成的"效用最大化",而农户的价值观则与特定的历史因素相关,一方面表现出对既定制度环境极大的决策适应性,另一方面又表现出对惯习性和常规性做法的固守和因袭偏好。而温铁军先生则认为这种能够将外部风险内化的小农经济是"家庭理性",农户内部劳动力组合投资机制的发挥,是建立在"精耕细作+种养兼业"所促发的土地生产率高的基础上的。

(二)大农场和小农户的替代与互补

一直以来,在关于农业现代化、现代农业和未来农业的设想中,大农场都是占据了主导地位的设想。究其原因主要有以下两点:其一,分散的、小规模种植影响农户的市场议价能力,规模化生产有助于维护农户的利益;其二,机械化耕作,化肥、农药的高效率喷洒适宜于大规模农地。因而,大农场与小农经济之间通常被定义为替代关系,并且大农场替代小农经济被视为是现代化农业的发展历程。但是,如果将问题放在现实层面去考察,就会发现大农场与小农经济可能更接近于互补关系,它们适用于不同的自然和社会环境,而规模本身亦可指将原子化的小农户形成规模的组织用以补充仅仅是对于农田面积规模化的设想。

《四千年农夫》中有对美国和东亚农业耕作形态的对比,尽管作者认为东亚的小农耕作更加可持续,因为中、日、朝这三个国家在几千年的农业耕作中以有限的资源养活了众多的人口,同时他对美国依赖机械和石油的农业进行了深刻的反思。但是,他也同样认为小农生产无法复制到美国,美国的农业耕作形成是殖民者占据了原著民的草原开垦出来的农耕体系,因其自身所形成的基础,再加上人口和资源的比例,就决定了它的主流必然是机械化规模生产。而中国由于地少人口多自然形成了小农生产的模式。如今,百余年过去了,中国和美国所拥有的人口与资源约束并没有发生改变,在此种情况下认为中国需要走大农场的发展道路显然未必正确。

大农场的发展本身具备路径依赖效果,即越选择大农场就越是只能发展大农场。比如,美国农场的面积越来越大,农场主收入主要依赖政府补贴。

在此种情况下,只有进一步规模化生产才能获得规模收益,降低边际成本。这种发展趋势导致大型农场不断吞并土地,小型家庭农场很难生存,直至退出竞争。随着家庭农场的消失,一个地区一些原有的社区开始逐渐衰败甚至消亡。这种农业现代化的实现并非依赖于规模化、机械化、市场化这些现代化的标签,而是政府对于大宗农产品的补贴。2008年,我在美国的明尼苏达州西南部走访了很多乡村地区,很多小镇上只有几十或者百来人,年轻人越来越少,而原有的很多完好的公共设施,如学校,都因为缺乏人类活动荒弃不用。这种状况是否无须忧虑,恐怕并非现在能够回答。而中国与美国不同,中国的农业人口达到8亿之多,当他们被大农场排挤出农业和农村之后,城市可以容纳他们吗?

当然,这并不意味着对大农场的全面否认。事实上,大农场不仅具备规模化生产等优势,其同样可以发展有机农业。我曾经拜访过一个有近三千亩地的有机农场,其主要种植大豆、玉米和小麦。在大部分人看来,以这样的规模很难实现精耕细作,但按照比较好的轮作等有机种植方法,这个有机农场土壤中的有机质含量要高于常规的耕作方式。而在澳大利亚,同样是殖民地背景的大农场形态,却因其环保运动使得澳大利亚的农业体系相对美国更可持续,甚至免耕和覆盖体系都可以通过机械操作,而其几乎与中国相当的国土面积却只有北京一个城市的人口,其人口与资源的压力不大。当然,在同样条件下,如果比较同样做有机农业的小型农场和大型农场,较少使用机械的小型农场的土壤质量确实会好于大型农场的土壤质量。但是,大农场进入有机生产,无疑是对有机农业的有效推动。

同时,我们需要看到小农经济的优势。小农经济是生产和生计的结合体,并且有其内在的环境友好、种养殖结合的循环链条。换言之,小农的形态是自然条件和人类生活双重作用下自然形成的。在生态环境日趋恶化的当下,小农经济的这一特点无疑为人类缓解环境恶化提供了出路。至于小农经济的规模不效益问题,其实并不见得一定要依赖于生产规模的扩充来予以解决,无论是应对市场还是更多承接其他资源,农户生产本身可以是小规模的,而销售、争取权利则可以是有组织、有规模的。参考日本、韩国的综合农协体系，依靠组织化将小农微弱的剩余形成规模，与规模资本抗衡，小农经济同样可以获得大农场的规模效益。

综合农协是日本政府为保护小农家庭而进行的重要组织制度创新，其作为日本国家战略的地位早在日本法西斯对外发动侵略战争之前就已经确立——战争需要从农村社区大量抽取青壮年劳动力和其他资源。政府为了避免农村社区衰败，不得不将留守人员组织起来，给予各种优惠政策，并且严禁任何外部主体进入"三农"而占有收益。这项综合农协政策的延续，保护了日本农民的利益并促进了日本农村近百年的可持续发展。直到近几年，日本农业人口老龄化问题严重，政府才不得不放开保护政策，准许农村社区之外的自然人投资农业，但外部企业法人仍然被禁止介入。除了农业生产经营领域的保护，综合农协还获准垄断金融资本，通过资本运作获取高额利润再返还给作为农协股东的全体农民。这些优惠政策使得日本农民的人均收入长期高于市民的平均收入，而农民人均纯收入的60%以上，来源于日本政府给予的各种优惠和补贴。

除了小农经济通常可以实现规模效益之外，小农经济模式还存在其他模式的演化，通过这种演化，其不仅可以克服小农经济不适宜竞争的问题，并且能够为社会提供一个更为稳定的食品供应体系。几年前，一位英国的朋友跟我说他们正在探索建立一种内部循环的社区，这个社区尽可能少地依赖外界资源，也尽可能少地对外界输出资源。事实上，这种在部分人看来是"走回头路"的农业发展，在全世界范围内正在悄然兴起，世界各国的人民都在进行着使社会生态系统更加稳定的、在地化生活的非主流尝试。这种尝试不仅是对大农场、能源农业和化学农业的反思，也是对全球化浪潮所带来的系统风险的反思。

近年来，有个新词叫作"食物主权"（Food Sovereignty），是指对于一个国家来说，除了传统的领土、海洋、领空等常见主权外，一个国家能否控制自己的食物体系，与能否控制领土主权同等重要，因为食物是人每天必不可少的必需品。由此,控制一个国家的农业体系,很大程度上可以影响一个国家的政治稳定,这种状况被称为"食品政治"(Food Politics)。美国的大旱影响到了大豆、玉米等饲料原材料的产量,进而影响价格并导致中国的饲料价格上涨,这种情况在日益全球一体化的食物体系中会变成常态,即全球化不仅意味着贸易自由和由此带来的经济发展,还意味着世界范围内系统风险的增加,而世界各国开展的小农经济多种模式的重新尝试和探索,则是对这种系统风险的反思和抵御。

由此,我们可以发现,以小农户为代表的传统农业有其先进的因素,而以大农场为代表的现代农业也有其落后之处,两者之间并不存在绝对的优劣之分,它们只是不同而已。也正是因为这种不同,大农场和小农户才能适应不同的环境,以互补的发展推动农业发展。

(三)去除标签,面向真实农业

在多年的乡村工作实践中,一个较为普遍的现象是,基于传统对农业的两类标签化认知——"乡土的浪漫"和"狭隘的偏见"。多数情况下,做社会组织的小资们热衷于某些理念,比如,小的就是美好的,对田园生活充满浪漫幻象,而缺乏对大局的思考和判断,这使得他们排斥资本和市场,不愿与资本和市场合作,严重制约了他们的发展;而大资们则认为要想摆脱以小农为基础的社会形态导致的"落后就要挨打"的局面,则必须学习美国建立大型农场,高度机械化,对小规模的实践嗤之以鼻,却不曾想象被排斥出乡村的劳动力该如何就业,城市短期内是否能够提供有效就业。

现实的农业是复杂的。随着城市化进程的推进,农业发展所需的三要素——资本、土地、劳动力——已然从农村净流出,乡村不再是浪漫质朴的田园,而是凋敝荒芜的村庄,很多乡村缺乏基本的公共服务投入,特别是教育和医疗,如果乡村不能在公共服务的投入中获得平等待遇,选择在乡村居住的人只会越来越少。若依靠过剩的金融资本进入农业,则可能向农业生产者和消费者转嫁危机,造成原材料和农产品期货投资加剧波动;若是过剩的产业资本进入农业,食品全局过剩导致全球食物产量和食物热量供给过剩,生产者收益在食物支出中所占比例逐渐减少;商业资本过剩则导致多重流通分配环节恶性竞争,食物全局过剩与局部制度性紧缺并存。

同时,因为资源的不平等分配,在乡村中掌握技术和资源的只是非常少数的农民,如果说每个农民都会种地是一项普遍技能的话,如今能种好地的真正的农民已然成为稀缺要素了。技术如此匮乏,即使是选择小农经济,有机农业的发展也是障碍重重。

因此,对于农业模式的选择,无论是否从事有机生产,都不存在一以贯之的最优模式。所以,在农业模式选择中唯一存在的只是,依据现实约束,因地制宜地选择适合当地自然资源、生产条件、社会和经济结构的农业生产模式,至于这种模式是大农场还是小农户并不重要,重要的是适合。这件事说起来非常简单,但实际操作起来却是巨大的难题。因为,如何能真正做到因地制宜或者说本土化,必须规避以往只重视发展速度和可复制性的发展模式,只能依赖于智慧、时间和对当地认真细致的调查研究。唯有如此,才能有利于乡村建设的创新和实践。

八、为什么乡村需要"有种有种"的新农民?

中国社会生态农业CSA联盟联合各行各业100名有识之士发起"有种有种"的倡议,正是为了呼唤社会大众更多关注"三农"议题,特别是支持那些怀有勇气返乡的新农民。

2012年开始,联盟推出对"三农"问题的"新三农"的畅想:未来我们要有新的农业,就是环境友好型农业,让我们的农业资源可以被世世代代子孙所享有;我们要有新的农民,这些新农民是主动选择乡土工作和生活的人,懂农业技术又能跟市场沟通的人;有了新农业和新农民,才有新农村,因为农村只有有了人才有活力,只有有了良好的环境才能生活。

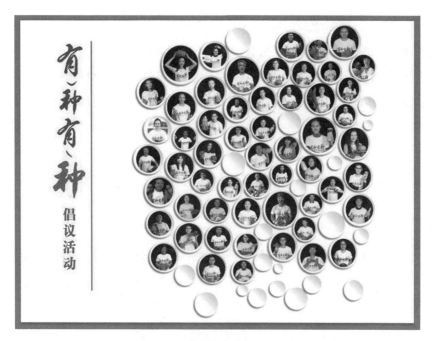

图4-19 "有种有种"倡议活动

图4-20 发起"有种有种"倡议的各行各业人士

2015年，我作为全国十个农业领域的代表参加汪洋副总理在中南海主持的座谈会，十分钟的工作汇报之后，汪洋副总理问了我几个问题，我印象最深的是第一个问题："你同学现在是不是都很羡慕你？"或许由此，后来我们经常看到"要让农民成为让人羡慕的职业"这样的说法。

尽管如此,我们还有很长的路要走,在我农场工作的年轻人之中,就有个别刚来了一两天就被家长带走的,因为家人不希望"好不容易让你上了大学离开了农村,你又回去了",要么就是在我每次参加会议活动时,别人总是可以被介绍为"教授""记者""作家",而我却不能被介绍为"农民"。或许我们需要另一个十年甚至更长的时间来改变,让每一个认真负责对待土地生产健康食物的农民都能有自信、都能被尊重。

先来说说我们对新农民的定义,新农民应该是自主选择在乡村工作、生活,新农民是懂农业、爱农村、爱农民的一个群体,他们因工作生活在乡村,价值来源于乡村也回馈于乡村。

十年来我走访了世界二十多个国家,从最初各国大部分机场中国人都比较少,到现在无论欧美还是东南亚机场都可以看到很多中国人,甚至有专门服务中国人的说着流利中文的服务员。

再观察微信朋友圈,现在一到假期,很多朋友都带着家人出国或者到国内景区旅游度假。再对比一下国内外酒店预订、手机支付、网上购物等服务行业就会发现,服务于中国这个巨大的中产阶级崛起的大市场,中国已经开始引领这个世界。再看看流通行业,如果你身处北京,在 App 上下单水果,两个小时就可以配送到家,这离"衣来伸手、饭来张口"似乎不远了。

中国经济增长、社会发展在城市端似乎在改革开放四十多年来已经超越了很多国际大城市,但我们来看看乡村一端,看看农业生产端,四十年来,农业工具、生产资料等却变化缓慢。当下,中国农民的平均年收入只是城市人均年收入的三分之一。

一方面,我们拥有着高度发达的城市消费体系,网络购买一个农产品,可以在全国甚至世界快速运输,产品外包装有着精美的和高精度的照片,甚至过度精美的包装,但另一方面,我们最普通的农民生产端却是另一番情况。

小农户与大市场中间有一道鸿沟。我相信,随着乡村振兴的战略推进,城乡之间在教育、医疗、信息等方面的差距会逐渐缩小,但在这个变化的过程中靠谁去链接两端?

2008年我去美国的农场务农就感觉到美国农场主和城市群体没有文化和乡村基础设施服务的差距，这也就是为什么社区支持农业CSA模式在美国的发展都是农场直接对接消费者的模式，因为美国的农场主与城市消费者之间的对接无论是信息化工具还是对城市消费群体的需求了解和沟通都是没有障碍的。

在中国，为什么我们认为新农民是非常重要的链接这个鸿沟的桥梁？是因为满足"一懂两爱"的主体肯定不是纯粹的商业化公司，因为他们不会爱农村（公司老总不会生活在乡土，收益仍然流出乡村）更不会爱农民（只是雇工）。所以，我们强调新农民应该是乡土生活者和社会创业家，生活就意味着要兼顾经济收入、社会价值（社群关系）、生态保护三方面的价值。

新农民有城市的资源，也懂得城市消费群体的需求，他们的特征是：年龄25~40岁，认同乡土的生活方式和价值观。

据估算，2020年经营规模在50亩以下的小农户有2.2亿户左右，经营的耕地面积约占全国耕地总面积的80%；到2030年为1.7亿户，经营的耕地面积比重约为70%；到2050年乃将有1亿户左右，经营的耕地面积比重约为50%。因此，在相当长的一个时期，小农仍将是我国农业生产经营的主要组织形式。如何提高小农的生活水平和幸福感，帮助小农留在农村，是实现乡村振兴过程中的主要问题。

所以，新农民链接的小农可能是那些种植面积很小、年龄50—70岁的农户，通过组织合作社或者社会企业来构建销售平台和品牌。对他们的要求其实很高，懂农业、爱农民、爱农村，这些人可能最初在城市周边乡村扎根，但每个人都能辐射几十个、上千名小农户，像一根线将距离城市更远的农户联系起来。

新农民有品牌意识，还可以升级农业一产到二产、三产。而新农民所组合的可能是小型社区或者乡村合作社主体。而我们谈的规模化应该是这样的合作、社区主体形成的整体规模，而不是单体规模，我们说的现代化应该是未来新老农民无论规模大小都对农民身份有自信。

乡村只有有了新农民,可以形成活水一样,新鲜动力源源不断涌入,才能真正振兴。

九、和平农业

> 天保定尔,日用饮食。
>
> 群黎百姓,遍为尔德。
>
> 中原有菽,农人采之。
>
> 荓荓柔木,君子树之。
>
>
> 我黍与与,我稷翼翼。
>
> 我仓既盈,我庾维亿。
>
> 以为酒食,以享以祀。
>
> 以妥以侑,以介景福。

这里集合了《诗经》里描写三千年前中国农业的句子,反映了植根于农业起源的生产、管理、生活和设计。这种生活场景似乎是自然而然的,或者说是自然所赠与的,但我们也要联想到其中的主动推进。对于农业,尤其是我国所传承已久的农业模式,我们不想过多赞美它的积极因素。比较农业产生之前的获得食物的途径,它体现人类内观的沉思,将冲突消解于和平的构建。"远取诸物,近取诸身",正是这种沉思内省的精神行动,产生了我们创造性的、壮观的知识体系和伟大的生活方式。农业,尤其是传承千年、创新迭出、从未断绝的中国农业正是中华文明的结晶。对于目前践行这种创造尝试的我们,这篇文字没有能力阐释中国农业的智慧,只从一些近期国内外见闻佐证农业的和平效应。

(一)人离土地越远,冲突就越大

2016年10月去日本开世界青年领袖的年会,间隙碰上一位土耳其的青年领袖。得知她是土耳其反对党的领袖之一,我还觉得我俩可能没什么话题。但听到介绍我是来自中国的一个农场主的时候,她眼睛一亮,我们的谈话就越来越顺畅起来。我们聊到了土耳其的军事政变,聊到欧洲难民的安置时才发现她的一条胳膊和一条腿是残缺的。至今让我记忆犹新的是,对于欧洲难民如何能让他们安定下来,她对我给出的对策特别感兴趣,或许最好的方式是给他们一块土地,再教会他们耕种。她主动介绍说她理解也感受到了中国农耕文化的影响,之前听朋友说中国人见面都会问对方"吃了吗?",对这种波及日常生活的影响她抱有一种惊奇。

　　八年乡土生活,于富有和稀缺理解的转变是感触最深的。每次出国介绍我的农场在北京,很多外国人都会惊讶:"北京还有农业?"当谈到有机农业不使用农药、化肥时,大部分人都会说不能养活自己。而我看到的和感受到的恰恰与此相反:在北京郊区和中国很多乡村地区,土地撂荒,农业设施(大棚)闲置甚至破败。反观我小小的农场,蔬菜面积只有80亩,其中还包括一些农田道路,临时办公、配菜设施,倒茬口的空闲期土地,冬天不能耕种的露天土地,夏季需要休耕大棚,每月实际种植面积约40亩。这样一个农场,最初只需30万启动资金,可让我们全年持续供给600个城市家庭的蔬菜,50个本村家庭的蔬菜,提供本地农民就业25人(种菜、配菜、配送、厨房),提供大学生返乡就业20人,支持中国社会生态农业CSA联盟成立……尽管如此,农场还会有大量食物出于品相问题不能配送,以及大量的应季的野菜(因为不用除草剂,地里生长着种类丰富的野菜),可以看到《慢钱》里描述的"钱就像大粪"的场景,用好了就像肥料一样可以滋养土地,用不好可能就会污染水土。当下,多少项目顶着美丽的光环烧钱,却无法看到惠及民众的前景。你要知道:

> 土地给我们的哪里是稀缺,而是富足!
>
> 土地给我们的哪里是食物,而是生活!
>
> 土地给我们的不只是浪漫,还有真实!

　　尽管绿色革命将食物"稀缺"作为假设前提,但却将自然资源无限廉价利用同样作为假设前提,工业化的农业生产贡献了17%~32%的温室气体排放,农业(包括养殖业)生产30%的食物,使用了70%的可耕地,70%的水,80%的石油能源,30%的食物到达餐桌前就被浪费,40%的粮食生产是养殖业喂养动物。与其说这个世界的饥饿是因为产量少导致的,不如说饥饿更多与贫穷及不平等有关。大量跨国食品公司操控粮食的价格,无论生产者还是消费者都可能是全球化食物体系的牺牲品。

在城市,我们经常把"稀缺"作为假想敌:房子住得不够大,衣服样式不够新,吃得不够好;在乡土,自己生产并见证了从土到土的循环,也就更知道珍惜——食用品相不好的菜品,剩余物回田,衣服穿二手。乡土生活通过物理接触拉近人与自然的距离,拉远人与消费的距离。

这种"稀缺"的假设前提,经常导致的是"头疼医头、脚痛医脚"的片面解决问题的方式,如果土地缺氮肥就补充氮肥,如果虫子多了就杀虫,这种思维是找到系统中的限制因素,但却忘记了这种限制因素可能是某种更深层次生态问题的症状,如果只针对症状出药方,可能会制造更多的问题。例如,土地施用氮肥的量与产量不成正比,过量施用会导致土壤酸化,而且被植物吸收的氮肥不能被代谢为蛋白质和氨基酸,植物中多余的氮还会吸引和刺激昆虫繁殖,如蚜虫。

城乡之间食物距离越远,从生产到消费的食物浪费也可能越多。人离土地越远,城市化程度越高,被分工越多,就产生越多的垃圾和不稳定。越来越多的矛盾伴随出现了:人与昆虫、人与草的战争,用大量的杀虫剂、用除草剂去对待生命,用激素催长生命,用抗生素维持生命,只被看作食物的动物被塞在狭小的空间里养大和屠杀;生物多样性在迅速流失。每天都有数以千计的物种从这个地球上消失,但人类实际上还没有足够的知识认知可能带来的问题。地球上15亿公顷的农业用地中,90%都是工业化的单一种植,严重依赖12种谷物和23种蔬菜。人与人,农人与食客的冲突也加大了城市和乡村之间的鸿沟,对好食物的向往只停留在精美的电商图片,却忘记了大量农民靠微薄产品收入艰难生存;越是生产,越是亏损;政府的数据越是年年增收,农民却越是无法在乡土生存；多数人致力于城市化目标：2022年，世界人口超过78亿，如果大部分人生活在城市，这意味着少数农民要为多数市民生产食物。

归根结底，为什么不能认为农民是个该存在的职业和生活呢？一定要城市化吗？一定要让每个农民都变成农业企业家吗？

农民应该是个伟大的职业而永远存在，农民应该是个顶天立地的人，农民借助最少的外部资源，最大程度成本内部化，上知天文下知地理，照料动植物、照料建筑、照料水利、照料设计……勤劳、勇敢、坚强、节俭。他们提供：

最重要的公共品：食物；

保护最重要的公共品：土地和水；

转化最重要的公共品：阳光；

孕育最重要的公共品：种子。

另外，随着生态/有机农业的发展，不同的农法之间也出现了互不认可：自然农法说有机农业用有机肥不干净；有机农业说自然农法产量低、太多玄学；有的农业还说自己是所有农业里标准最高的。有人说一定要坚持小规模、小的是美好的，但是多小面积是小，拿中国的小和美国的小对照，似乎没有任何意义。实际上，即使是有机农业也可能是大规模单一化种植的，缺少生物多样性，大量依赖外部投入资源。被一种单一价值捆住的脑袋而不通过调研分析得出结论，就立刻划线变成了与另外一方的对立面，其中缺失了对人的关爱和理解。

越是思考这些矛盾，和平这个词就越反复出现在我心里，我们到底希望要什么？和平农业——每个人寻找内心的和平，寻找与他人关系的和平，寻找与自然大地的和平。

（二）对人与人之间和平的再思考

2016年6月，我去美国开会，跟美国早期的有机农场主、当时已经70多岁的伊丽莎白女士相处了两天。谈到了看似各属不同专业的内容——农业、哲学、宗教、习俗、种族、商业，其实都围绕着一个问题：如何能让这个地球变得更好，让环境不被破坏，让不同国家民族信仰的人和平相处，减少饥饿、减少贫困、减少暴力，增进理解、增加信任、增加公平和公正。

读硕士之前很少去考虑这些问题，我当时觉得只要努力就可以让自己和家庭的生活变得更好，却未关注更多人的福祉问题；之后，我主动或被动地调研了几十个乡村；2008年到美国明尼苏达州小农场实习，写成了《我在美国当农民》一书。还有一件事没有记在书里但最近总在脑海浮现——农场实习生Ayla的故事。2008年农场招募了三个实习生，4月中旬我最早到，Ayla是第三个到的。刚刚大学毕业的她曾经在大象救助所工作过一段时间，两个月的共同生活之后，Ayla没有完成最初承诺的半年实习时间并提前离开了。记得Ayla跟我们说到那段时间她的困惑很多，比如那时父母要离异她很难受，比如未来的路更不清晰了，比如男朋友距离比较远会有些思念。或许因为这些困惑和情绪，有一天上午移苗时，她走来跟我噼里啪啦地说了几句，但当时语言能力有限的我基本没听懂。傍晚工作结束时，Ayla来到我跟前说："石嫣，很对不起，上午对你发脾气了，说了不好的话。"我愣了一下说："没关系。"从农场回到住所的路上我一直在想，语言不通不只是带来沟通困难，还可能带来和平。

这也让我联想到我和先生的相处，我有时开玩笑形容他EQ为零，表现为对我曾经理解的人情世故的不在意，我们偶尔吵架，但他总是听着、解释几句、道歉、睡觉。他特别在意合理休息和充足睡眠，每晚23点前必须入睡。一个人的战争是很没意思的，之前我还要叫起他来继续表达意见，后来习惯这样的生活方式了，反而内心告诉自己得向他学习"不生气大法"。想象一下：如果他是一团棉花，我是一根针，针总是想扎棉花，可是根本找不到穴位；最好是针也可变成棉花，两团棉花在一起就和气了。

（三）美国有机农业的挑战

2016年6月，我去了美国的全食超市（Whole Foods Market）。之前我看到一篇文章，分析全食遇到的商业挑战，比如价格更低廉的、更符合2000年后出生的千禧后审美的有机超市出现带来了挑战,因此全食也出了自有品牌的有机贴牌产品品类。不过,逛全食超市的人还是挺多的,我的一位好友是在美国生活了十几年的中国人,她虽对有机不是特别了解,但因为刚有了孩子,全食给宝宝提供了健康、信任、便捷的食物来源,她就成为了全食的常客。

全食有两个"缺陷"。第一,全食销售的并不都是有机的产品。我拍了照片回看时才发现,原来为适应消费者的需求,全食也会有很多常规蔬菜销售。第二,一直有一个困惑,为何美国有机超市里的西红柿都红得那么完美,是因为标准高还是有特殊的"符合有机标准"的催熟投入剂? 我买了两个西红柿,但感觉这样的西红柿虽是有机的,但比我们的西红柿新鲜程度相差太远,可用寡淡无味来形容。但这样的蔬菜看起来十分完美,特别"新鲜",尽管它们可以距离土地已有几天甚至更长时间,但看起来比我们24小时直达餐桌的更"新鲜"。很明显,美国有机农业的话语权更多掌握在流通商和销售商手中,他们也因此受益更多;而农民呢,依旧是这个产业链中的弱势群体。

这让我想到,目前国内做有机商店、或多品类流通的群体,对有机蔬菜毛利的要求和品质的要求远远高于其他生活用品,讽刺的是其他生活用品利润率远高于生鲜。说到底,消费者到底把钱放在了谁的口袋? 而商业借用农民形象的宣传给予农民的获益微乎其微。降价压价,恶性竞争。某些机构与其说支持小农,不如说以支持小农的话语来获得生存的资源。

(四)食物公正项目(Food Justice Program)

正如前面描述的高端健康商超,很多人习惯说全食是有机超市,但实际上全食产品并不都是有机的,它的网站用词是"美国最健康的商店",仅在全美就有400多家;另有Trader Joe's等连锁健康超市,数量也不低于400家。一方面,健康超市的兴起,其年销售额达一百多亿美元;另一方面,却感觉到农民的无奈。在伊丽莎白退休前所在的和平工作农场,农民的工资大概是每小时11.5美金;青年农民Erin半价销售给农场的会员以获得足够的消费者;富足合作社的总经理介绍说,美国的消费合作社在过去的二十年间由1000个减少到100个,这些数字让我感到有些惊讶。几十年前,有机运动的兴起是对于农业和农人、对于人与自然关系的反思。时至今日,有机农业运动壮大了,但农人的生存情况似乎改变不大,很多农民还生活在最低工资线上。很多有机农场为保证低价而雇佣墨西哥非法移民。因此,自从退休后,伊丽莎白就致力于推动一个"食物公正(Food Justice)"的认证:如果去一个餐厅、商店、超市,你如何影响主流市场?食品公正认证就是认证在主流农业相关的链条中是否给予了农民、工人公平的收入。

食物公正主要目标:

·农民公平定价(Fair pricing for farmers)

·工人公平的工资和待遇(Fair wages and treatment of workers)

·工作环境的安全(Safe working conditions)

·农民和买手之间公平和平等的合同(Fair and equitable contracts for farmers and buyers)

·工人和农民联合集体议价的自由(Workers' and farmers' right to freedom of association and collective bargaining)

·整个食物链中清晰的冲突解决政策(Clear conflict resolution policies for all throughout the food chain)

·干净和安全的农场工人住宿(Clean and safe farm worker housing)

·实习生和见习生的学习合同(Learning contracts for interns and apprentices)

·禁止全职儿童劳工以及对农场儿童的全面保护(A ban on full-time child labor together with full protection for children on farms)

·有机认证的环境工作(Environmental stewardship through organic certification)

> 农民维持分散、单打独斗没有出路。
>
> 农民可以规模小,但组织不能小。
>
> 农业兼具公共品价值,农民不属于私营部门。

(五)新农民主义(New Peasantry)

正如这一路所见到的新农人(我和伊丽莎白也讨论过这个词语——农民过去带有阶级的、老旧的一些含义,而农场主又带有奴隶制的恶名,我们都希望有一个词既包含对农业性质的描述,又没有任何既往历史包袱。我跟她说,在中国我们也叫农人,她觉得这个词很好。)一样,Erin是非政府主义者加佛教徒;在和平工作农场租地种蘑菇的兄弟俩更像是回到森林中生活,喜欢研究蘑菇栽培,喜欢研究野菜,喜欢研究中国的药材、植物的药性;Fruition Seeds的创始人夫妻俩也曾从农业生产改行从事有机种子……这些人都有共同的特点——生产和生活结合,事业和价值观结合,小规模或家庭经营,尽可能减少占有资源,做农人是他们的主动选择。

(六)有机农业与中国农耕智慧

有机农业的哲学理念——"不要把昆虫看作是我们的敌人",其实就是不同于常规农业的最大区别,也是看问题的最基本出发点。在常规农业中,不考虑土壤、环境、管理,将病虫都看作我们的敌人,有问题就使用农药,无视健康的根本来源,如何保护植物最大程度上减少患病,保障健康的生态系统,虫子吃多少是可以接受的。如果必须消灭对方或者必须让对方为自己的需求而生存的话,我们会发现敌人越来越多,甚至可能出现更强大的敌人。

几千年来,农业智慧讲究的天地人的和谐,其实也是和平农业的要义,人和自然、人和人之间如何通过合作、和解而共生是有史以来就需要解决的问题。

八年从事农业生产以及直面消费群体的经历,使我更深地认识到和平农业的价值。生产上很多根深蒂固的"迷信",例如"不用农药化肥就全部被虫吃光了"、"有机农业就是倒退回传统"、"有机农业无法养活中国人"等。这些迷信建立在对外部投入品上,实际上农业生产的自然条件(包括设施条件)+管理(农业的管理不是对人的管理,而是在整个农业生产周期之中,管理品种、育苗、温度、湿度、茬口)贡献率就有70%,同样的常规生产或者有机生产,但不同农民操作或者在不同的地区产量都可能有50%以上的差异。比如分享收获在北京通州区农民的带头人郎叔、顺义区的马叔种植的番茄在收获时间和产量上有很大的差异。

现在农业生产中主要问题到底是让更多农民愿意生产,不至于耕地撂荒(当然土地储备量足够的条件下的撂荒是恢复生态的一种方式,但若地表没有任何覆盖物也会造成水土流失),还是从现有土地上通过更多外部投入品获取多余的10%产量?抑或通过农业技术的推广,让农民平均产量可以提高?农业投入品的背后常常是资本的力量,农业管理技术的推广则需要更多公共投入,是长期培育的过程。资本文化对标准化的需求,而许多一刀切的政策是资本派生的产物,乡村和农业的多样性的损失都是标准化和产业化的环境负外部性。

务农八年,我走访了国内外数百个农场、农村地区,内心由最开始充满了对中国"三农"问题的困惑,到试图对国外的模式的试验解读,越了解国际各国的农业模式,越多理解中国农耕文化以及自己的实践经历,反而对我们自己的文化更加认同,也更加有信心。中国的农业是生产和生活结合得最紧密的,生产模式受生活影响,而非强行套入某种理念。反之,就容易走入偏离生活的可能,从而可能产生偏见。

让和平治愈这个世界。

十、我做农民的这十年

从业十年遇到的尴尬:

我去银行办事,在柜员给的开通手机银行的单子上填了职业一项:农民。柜员说:"没有这个选项,要不写'职员'吧。"需要我修改表格中职业这个内容,这不是第一次。

每年春节后都是团队情绪最低落的时期。有一个小伙伴,刚来农场实习没多久,母亲就直接来农场把孩子带回家了,母亲无论如何也接受不了儿子又做农民了,那是他们一辈子都想要摆脱的身份。

我去韩国首尔大学开会,一位大学教授有些轻蔑地问我:"你做农民收入能维持吗?"我回答:"跟做老师的收入差不多吧。"教授有点惊诧,说:"这对农民来说是好事,对教授来说不是好消息。"

在城市生活时间久了,爸妈每次来我农场,都要带来很多吃的东西,村里只要有沿街叫卖的小贩,老爸就会跑出院子去"购物",农场里有这么多菜和粮食,他们还是觉得我吃不上啥,"荒郊野岭"很孤独……

(一)美国洋插队

2008年,一个偶然的机会,美国一个研究所需要找一位有半年以上时间、语言能力比较强、又有一定研究基础的人,但不是去研究所实习,而是去一个农场通过跟农场主一起生活工作,了解美国的社区支持农业(CSA)。

这个模式简单一点说就是农场和消费者之间建立直销、互信友好的关系,让生产者有稳定的市场保障,让消费者吃到更健康的食物,消费者以预付生产定金作为农场主生产的"投资"。

这种模式让中小型的生产者的生计得到更好的保障,消费者也因此用消费支持了那些生态生产、保护环境的农户。

一个都市出生长大的女孩,突然从北京都市到了美国明尼苏达州离省会还要三个小时路程的农场,心里特别不踏实,那里的人几乎从未见过中国人。我记得我走的时候很多亲友都不知道我去美国干嘛,多数认为是去留学访问,爸妈作为曾经的下乡知青也颇为不解。4月份的明尼苏达风仍然冷得刺骨,中间的几次暴雨将农场生长几十年的大树连根拔起。

最初对田园生活的想象被一天天简单而重复的生活消耗着,国内那么多重大的课题不做,为何来这里每天清洗育苗盘? 每天早8点到下午5点,中间一个小时的吃饭时间,每天傍晚下班到家浑身酸疼,不到十点就自然入睡。如果不是因为在国外,很可能我第一个月就跑回家了。

直到6月初,我吃到了我们自己种出来的菜。用自己已经裂口的手烹饪出来的中国菜,别提有多好吃了。之后的几个月,慢慢融入了农场的生活,农场经理夫妇也经常邀请我参加他们的活动。农场经理住在离农场有一段距离的小镇上,去过他家之后才知道原来那栋老房子有个电梯,竟然以前是搬运棺材用的,想起来还有点毛骨悚然。

夫妇两个人都是大学和研究生毕业,却过着极简的生活,家里的衣服都是二手的,包括婚礼礼服。少数艺术品还都是自己或朋友制作的,几乎每次写东西,都是用用过的纸张的背面。家里没有电视,只听收音机。日常没有手机,不过农场里也没有手机信号。但他们会读很多书,感受到他们的生活紧张而快乐。

虽然这不是我想象中的田园生活,但我尊重也越来越认同这种生活选择的价值。每天下班后,我自己做饭吃饭,在互联网中查找这些选择背后的历史、现状等相关研究。虽然每天的农活跟研究看似没任何相关,但却指引了我后来博士论文的研究方向。

一天,邻居农场主问我:"石嫣,你最喜欢的农活是什么?"我竟然脱口而出:"除草。"刚到农场的时候,那是最有挫败感的一项工作,跪在地上,大风吹在脸上,一干就是半天,我问自己:"这工作有什么价值?"

后来,也因为除草简单重复,可以跟其他两个实习生聊天,也可以自己静静地想问题:人生的价值,我想过什么生活,中国农村跟这里有什么不同……以前在学校很少想的根本的问题,在除草的时候都有机会想得更多。

半年后结束实习,我临走时,农场所有人都哭了,他们把我拉到地里,跪在地上,感谢我的付出,也祝福我回国后一切顺利。当然,那一年的三个实习生里,从育种到收获,我是坚持到最后的,另外两个提前离开的都是美国本地的大学生。

那段洋插队的经历我没学到多少农业技术,后来自己经营农场后才感觉中国农民更懂得如何在小块土地上获得更多收成;也没学到多少农场经营管理经验,因为农场只有33个会员,每周只需要配送很少量的蔬菜,每个会员都是相同的菜箱,只需要配送到附近几个小镇上的配送点,他们自己去取菜就行了。现在我农场的会员数量已经比那个时候多十倍多了。

但是,那半年的经历却像一颗种子一样,在我心里扎了根:在地上除草,与大地平行,感觉人类很渺小;吃到自己种植的食物,不用担心食品安全,这不是人作为人最基本的需求吗? 人类本来是使用物品,却随着现代化生活迷失了自己,反而被太多的物品所使用,被太多的"不够"所控制。

有机农业,不只是一个概念,也不只是不使用农药化肥,也不是我们想象的没有产量,而是农民和土地之间负责任连接的一种必然选择,产出是富足的。但是,美国很多小农场主仍然无法生存,不是没有产出,而是价格无法覆盖成本。他们只有不断扩大规模,贷款买机械设备升级换代,很多农场主无法还贷而最终破产,生产被少数大公司垄断,生产好的食物被生产更多利润的目标所替代。

回国前一个月,拔草时候我就开始想回国后我该做什么了,怎么能让中国的农民采用生态耕作方式,同时也能有稳定的市场。

(二)小毛驴市民农园的三年试验

2008年底,我回到大学的宿舍里,就有点待不下去了,想吃好的菜好的食物,这样的想法被每一顿饭重复提醒着。这种"好"不是山珍海味,是菜有菜该有的味道,肉有肉该有的味道。

正好此时,我的导师温铁军教授在凤凰岭脚下申请了一块试验田,我没多想,2009年2月就申请去了基地,与基地上的几个做乡村建设的小伙伴一起规划开春后农场怎么做,一起给农场起了名字"小毛驴市民农园"。既然是试验田,我们当时都没有考虑什么商业模式的事情,想得更多的是怎么能将这个CSA模式实现出来。

当时,有位市民朋友听到了我们的故事,希望我们能去社区做个讲座。可能是讲座时间安排得不好,活动只来了两个家庭,但活动没有取消,这两个家庭经过我的介绍,成为了我们的铁杆支持者,自己印刷了我们的宣传单,贴到了小区的各个单元宣传栏里,一下为我们招募到了近20位感兴趣的消费者。

还记得,3月份农场地里什么都没有,显得有点荒凉。现在想起来觉得消费者和我们一定是怀着相同的梦想,消费者没有过去的体验经历,我们一群学生也没什么种植管理经验,但我记得一个消费者说:"选择你们,即使种不出来,我们最多半年损失2000块菜钱,这是可以测量的;反之,我们吃到不安全的食物,身体的伤害难以估量。"

还算顺利的是,一个月后我们就招到了17位自愿到农场种地的会员,37位配送到家的会员。我们还做过一些傻事,比如,我坚持要求对每个配送的会员都要登门拜访,向会员讲述我们的理念后再收费。因为大部分消费者只有下班后晚上才回家,所以近一个月的时间,我们每天下午四五点从农场坐公交车出发,到市区大概六点多,再找家门,跟消费者聊一会儿然后带着钱回农场。曾经,有个消费者问我们要账号直接打款,我们坚持要上门收款,但是那天比我们约定的时间晚了二十分钟,刚走出地铁口收到短信说我们迟到了就不用去了。

这段天天进城收款的经历,也给我带来了宝贵的爱情。当时正在小毛驴市民农园休学一年做志愿者的我的"收费搭档"程存旺,据说是因为看了一本《中国农民调查》就决心从上海交大的工程管理专业考到了中国人大的农发学院,决心跟随温铁军老师研究中国的"三农"问题。因为支农的理想,他读研究生一年级结束之后就休学了。后来,在我博士毕业那一年,我们结婚了。

我们种的蔬菜按照计划长出来了,开始给会员们进行配送。但当时我们没有多少农业设施,应季蔬菜的品种很少,几乎连续一个月都是绿叶菜。有一次我们给一个会员送菜,箱子被扔了出来,听到有人说:"我们脸都快吃绿了!"

消费者的关爱和抱怨几乎贯穿了第一个种植季,配送日我们凌晨四点多起床采菜的激情不减。应季蔬菜品种少、菜的口感老、不能选择等问题,直到现在还在很多刚开始做的农场中徘徊。

三年多的时间里,小毛驴市民农园一下成为了北京市民中的都市菜园,农场一度排队的家庭就有200多个,到2011年有800多个家庭,媒体报道的就有300多家。我们这几个年轻人,以开放的心态迎接着全国各地的参观者,也回答着很多我们都从未想过的问题,比如:你们的商业模式是什么?是否需要投资?另外,当时团队内部也有很多激烈的争论,比如:我们给这些消费者配送是不是背离了我们为农民服务的初衷？我们是不是要商业化？这么多媒体报道是好事吗？应该说，小毛驴市民农园的三年为我们年轻人的成长交了不少学费。

(三)分享收获,守护大地

2011年,我完成了关于社区支持农业信任研究的博士论文,顺利毕业了。2012年我选择了再次创业。受到日本守护大地协会的启发,我和几个小伙伴考虑建立一个连接生态农户和消费者的平台叫"分享收获",以村庄为基础扩展消费者的规模。

我们团队先在北京通州的马坊村租了个农民的院子,办公加住宿,这个院子也是我们第一个合作农户郎叔家的房子。当时,有人给我们介绍了村里的种菜能手郎叔,据说他儿子一直在旧房子里打游戏也没找工作,团队里的几个年轻人说服了他们的同龄人郎叔的儿子也加入。郎叔看了我们的两个视频,又跟着我们去小毛驴市民农园参观了一次,竟然答应了跟我们合作种生态菜。在大多数农民都认为不用这些化学品就颗粒无收的大环境里,在农民都被来村里骗钱的人忽悠了很多次的社会中,郎叔跟我们签了五年的合作合同,现在仍然觉得很敬佩郎叔的胆量。

合作的第一年就遇到了问题。

我们住在村里,每天都要到地里查看种植情况。有一天早晨,同事秀才发现已经开始结果的茄子叶片上有异样,一问郎叔,郎叔竟如实说了:"用了药。"也许是郎叔想试探我们对标准的坚守,也许是遇到红蜘蛛他太担心没产量,总之,我们有几种选择:第一,把现在挂了果的茄子全部摘掉,再长出来的可以销售;第二,茄子全部拉秧,今年不配送茄子。团队一起开了个会,决定用第二个方案,将近半亩地的茄子拔掉,心里还是觉得特别可惜,但我们也是用这次事件进一步建立了跟郎叔合作的标准基础。那年之后,就再也没有出过问题。

第一年冬天,也很凑巧,又遇上了三十年一遇的寒冬,郎叔地里仅有的四个大棚和少量阳畦及冬储蔬菜无法跟上我们会员的供应,只能选择隔一周配送一次。

这一年,我们给郎叔无息贷款盖了四个大棚,每个月也保证结算的斤数,但郎婶还是不断来找我们觉得挣钱太少希望提高价格,这样能保证他们夫妻二人年收入能有20万左右。对于一家从早忙到晚种菜的农民来说,确实特别辛苦,20万也并不是很多,村里也没有其他农民愿意干这活。刚开始,团队几乎都是以每月两三千的收入维持,我们自己都觉得可笑,我们总想支持农民,其实人家郎叔有地也有房,可我们这群人还要向郎叔租房子。我们得让自己活下来,得有生产能力,这就需要有更好的生产设施。

2012年的冬天,北京顺义区农业部门的一位领导偶然看到我们的采访,心里嘀咕真会有这样一群年轻人干农业吗。他没有告诉我们就直接开车到了村里,看到团队几个小伙正在挖地窖储存白菜。这之后,他帮我们介绍了顺义区的一个面积不大的设施农场,农场里有20多个大棚,可以直接投入生产。现在我们可以全年每周供应超过二十个品种的蔬菜,全年品种超过60个。

分享收获最老的会员到2022年已经跟我吃菜10年了,有的家庭从大宝到二宝都是吃我的菜长大,这也是让我最骄傲的事情之一,很多时候家长带孩子来农场,的确能感觉到那种紧密的关系。

2013年秋天,我们大部队都搬到了顺义基地办公。村里有个老流氓,说是老流氓真的不过分,他因为强奸罪多次入狱,他看我们是外来人,经常明目张胆地来农场偷东西,我们说过他很多次,还是不改,即使报警,他最多也就是拘留几天,出来后还是照样不改。有一天中午他又来农场偷拿钢筋,终于忍无可忍,我先生带着几个小伙子冲过去,跟他及同伙打了一架。这一架打完,倒是后来也就相安无事了。

分享收获的会员也逐年靠口碑相传并在慢慢增长,到2017年已经是五周年,我们依旧用心地照顾着每一块耕种过的土地,无论什么样的条件,我们都从改良开始。北京的确有空气污染,但我们既然生活于此,就一起努力来改变,从土地开始改变,不使用化肥和合成农药。用物理和生物防治的方法,土壤的有机质在逐年增加,体现土壤活力的微生物和小动物的数量也明显在增加。

2015—2016年,分享收获又和小毛驴市民农园联合承办了国际CSA大会和第七届、第八届中国CSA大会。抛开多年前的争论,我和当时小毛驴市民农园的团队成员分久必合又走在一起,而到这一年CSA的理念和实践已经遍地开花了,我自己的农场虽然不是一个庞大的产业公司,但在这个理念推动下的CSA已经在全国遍地开花。据不完全统计,全国有1000多个这样的生产主体,几十万个家庭也在参与这场饮食变革。孵化无数个生态农场和消费者的梦想已经在逐步实现了,2021年的中央一号文件还将绿色有机农业放在了发展的重要位置。

这不是一个成功者的故事,也不是一个完美的田园牧歌,像温铁军老师说的那样,我们甘做一颗铺路石,是因为爱这片土地爱得太深。

在乡土,自己生产并见证了从土到土的循环,也就更知道珍惜——食用品相不好的菜品,剩余物回田,穿二手衣服,饮食以素食为主。乡土生活通过物理接触拉近人与自然的距离,拉远人与消费的距离。

农民应该是个伟大的职业而永远存在。优秀的农民应该是个顶天立地的人,借助最少的外部资源,最大程度成本内部化;上知天文下知地理,照料动植物、照料建筑、照料水利、照料设计……勤劳、勇敢、坚强、节俭。

十一、农以载道,以农传心

对于中小型农场来说,与其更多地谈我们的市场,不如更多地谈我们的使命和价值。

中小型农场看似有一些是艰难的,但某种程度上说,现在的经营方式在未来的一段时间仍然是奢侈的。

如果可以按照自己所希望的关爱原则去关爱我们的土地和人,我觉得在几年的时间内,就应该可以找到一定的市场出路。

目前中国的生态农业应该有三个责任:

第一,就是管理好自己的农场。绝大多数的中小型农场是家庭经营、小型合作社或者是社会企业的模式,这三种模式下,我觉得应该管理好自己的团队和家庭,不要盲目去扩大规模,要把握好度。比如,我的农场最初只有40亩地,我的会员增加之后又扩租相应的土地。这个过程中一定要根据自己真实的能力去经营,管理好这个小型的团队。

第二,很多人会问我一个问题:现在中国的有机农场越来越多,你是不是感觉到竞争激烈?我觉得"竞争"这个词是西方文化的一部分,中国传统的文化里就很少讲竞争,更多讲的是合作。如何通过每一个中小型农场自身的努力,去构建很多不同的、分布在全国各地的生态农业网络,是中小型农场的价值。过去几年,在全国各地兴起了上千个这样的农场,这样的生产才是生态化的发展。

第三,我认为中国有机农人的价值,特别是家庭式、社会企业式的中小型农场,不仅要把自己的农场经营好,还要传播中国的农耕文化。在有机农业发展历史上,我认为应该加强国际交流,把我们的价值观和理念传播到世界上去,让更多人知道我们对于有机农业的认识。

我国中小型农场的几种市场形态和国际上很多国家的发展历程是非常相似的。比如会员制农场,比如社区支持农业CSA农场,在日本韩国,这些农场95%以上没有做有机认证。

现在也有一种模式叫参与式保障体系PGS,就是消费者、生产者本身作为参与的一部分,认可了农场是有机的耕作方式,生产者不会盲目扩大规模,这个过程中的信任是可控的。另外,当前做有机农业生产过程中,有一部分是老农,另外一部分是返乡青年。无论如何,未来我们需要人在乡村生活,所以我们需要有更多的年轻人能够从事农业的生产,或者是以其他方式生活在乡村。

另外一个模式是农夫市集。我们看到,在北京、上海、成都、贵州、广西、西安等二三十个城市,已经开始由中小型农场共同组织起来进行销售,无论是在社区还是在城市里的商场,大家共同做宣传。

在美国,一个城市里就有不同地点组织的上百个农夫市集,消费者可以就近进行购买,这样一种模式也是未来中小型农场的出路。

过去咱们说的团购,更多是说怎样以最低的价格来买到最好的产品,现在这个词叫共同购买。

消费者团结起来,不再是以最低的价格去买产品,而是要支持、把钞票贡献给那些在真实做事的中小型生产者。而且现在我们有网络手段,比如我自己的农场,除了稳定的会员以外,还有一些共同购买的微信群。对于农场来说,所有的产品产量都有波峰和波谷期,这个时候如何解决多余产品销售的问题呢?

我的农场是通过共同购买,把每周会员配送多出来的生产计划那一部分,放到共同购买群里。共同购买群有将近千户家庭,可以不定期地共同购买,不需要预付费,但是需要到配送点去取菜。

中小型农场还有一个共同的特点,比如说大家都热衷于食物的教育,经常在农场里面举办农场的参观活动、食物教育活动。

还有一种模式也是在一些地方兴起的,把小型超市、社区店和餐饮结合起来。大超市一般来说都需要有机认证,大的饭店也需要,对于中小型农场来说,需要寻求的是这样一种相对不是陌生人群体的市场形式,比如社区店主要针对的是社区本地经常采购的居民。

有很多人问:"你们这种CSA模式的有机农业会不会成为越来越多人关注的对象?"

我们已经用行动回答了这个问题。

2016年11月,在北京举办第七届中国CSA大会暨第六届国际CSA大会,开幕式现场连前面的地板都坐满了人,有800多人三天里参与了几十甚至近百个的分论坛,可以看到各地的农人及消费者对社会生态农业的需求是很大的。

我们需要有一些人能够为这些中小型生产者去发声,代表中小型农场的利益,去为我们的未来争取更大的空间。

温铁军教授在CSA大会上提出农业4.0的阶段,我觉得和有机农业3.0阶段是非常吻合的。就是说农业在1.0时代,因为殖民化等历史背景,更多的是采取规模化的、福特主义的大生产模式。到2.0时代,农业包括了工业化部分,更多的是要拉长农业产业链,农业要解决加工、储藏、运输等问题。

农业到了3.0时代,有越来越多农业多功能的政策,也就是农业逐渐三产化。到农业4.0时代,我们提的是社会化生态农业,一方面我们的社会化讲究的是人与自然之间共生共荣的关系,另一方面我们讲的是参与,无论是生产者还是消费者都可以参与到农业的生产生活中来,并且这样一种模式是生态化的,这个就是农业4.0时代生态化+社会化+互联网的六次产业。

最后我想说,农为天下之大本。在当下的时代,每一个人并不能足够认识到我们在历史进程中起到的作用,但作为中小型生态农场,我们希望更多的农人、更多的朋友能够一起携手,振兴中华的农业,传承中国的文化。

第二节　乡村振兴与绿色发展

一、从十四个中央一号文件看国家"三农"战略转变:从城乡二元结构到城乡融合发展

2022年:《中共中央 国务院关于做好2022年全面推进乡村振兴重点工作的意见》。

2021年:《中共中央 国务院关于全面推进乡村振兴 加快农业农村现代化的意见》。

2020年:《中共中央 国务院关于抓好"三农"领域重点工作确保如期实现全面小康的意见》。

2019年:《中共中央 国务院关于坚持农业农村优先发展做好"三农"工作的若干意见》。

2018年:《中共中央 国务院关于实施乡村振兴战略的意见》。

2017年:《中共中央 国务院关于深入推进农业供给侧结构性改革 加快培育农业农村发展新动能的若干意见》。

2016年:《中共中央 国务院关于落实发展新理念 加快农业现代化实现全面小康目标的若干意见》。

2015年:《中共中央 国务院关于加大改革创新力度 加快农业现代化建设的若干意见》。

2014年:《中共中央 国务院关于全面深化农村改革 加快推进农业现代化的若干意见》。

2013年:《中共中央 国务院关于加快发展现代农业 进一步增强农村发展活力的若干意见》。

2012年:《中共中央 国务院关于加快推进农业科技创新 持续增强农产品供给保障能力的若干意见》。

2011年:《中共中央 国务院关于加快水利改革发展的决定》。

2010年:《中共中央 国务院关于加大统筹城乡发展力度 进一步夯实农业农村发展基础的若干意见》。

2009年:《中共中央 国务院关于促进农业稳定发展农民持续增收的若干意见》。

2022年新春伊始,细读过去十四年的中央一号文件,结合这十四年宏观社会经济发展情况,可以更清晰地看出习近平新时代中国特色社会主义思想指导下中国乡村发展转向生态文明大战略的趋势和走向。从城乡二元对立体制下的主要"不平衡"——偏重城市化忽视乡村,甚至以去农民化、占有土地而推出激进的城市化,逐步演化为生态文明战略下资源节约环境友好型的"市民下乡"、"农业进城",形成新型的"社会化生态农业",有利于推进城乡民众融合的新趋势。

2008年爆发了全球性的金融危机,中国发生了三聚氰胺奶粉事件,这两个事件都成为了后来十个中央一号文件出台的大背景。

2009年、2010年、2011年的中央一号文件除了强调粮食安全之外,都特别强调了加大农业的基础设施投入和对农业的补贴政策。2006年中央政府对"三农"已投入 3397 亿元,在这个基础上,2007 年增加了 800 亿元,2008 年增加额度又超过 1000 亿元,2009 年投入 7161 亿元,2010 年继续增加惠农资金,达到 8000 多亿元。

"三农"问题在全球具有普遍性,发展中国家普遍存在"三农"问题,特别是人口超过一亿的发展中国家,只有中国完成了工业化。在完成工业化之后,2005 年前后国家强调新农村建设时提出重要指导思想:两个反哺,城市反哺农村、工业反哺农业[①],开始向"三农"倾斜性投入,化解了城乡差距拉大表征的"发展的不平衡"的主要矛盾。

2010 年中央一号文件除了提出继续加大对农业农村的投入力度,还提出下一步工作的重点应该是提高惠农资金的实际使用效果,让农民真正得到实惠,对目前的惠农项目选建、实施、验收等环节进行根本改造。坚持对种粮农民实行直接补贴。政策导向城镇化,支持建材下乡、建房贷款、客运下乡、家电下乡等。这种曾经引起经济学界批评为"没有效率"的战略性投资,在华尔街金融海啸引发全球危机的挑战下,中国政府对乡村基础设施的投资,不仅完全吸纳了因外向型经济困境而失去工作的流动打工者,而且使农民大量购置不能出口的工业品;有效提高了内需,缓解了 2008 年以来的输入型危机……

2011 年中央一号文件则专门针对农田水利建设,改革开放至 2011 年,大约有 60% 的财政支农资金主要用于大江大河的治理和气象事业发展,直接用于农业生产性支出的仅占 40% 左右。其中,能够分给小型农田水利建设和水土保持工作的费用就更微乎其微。

2012 年中央一号文件主要侧重在科技兴农,提出从支农到惠农、富农的发展方向,并且定义了科技兴农的公共性、基础性和社会性。

通过多年的惠农资金倾斜性支持,这些年国家投资的新农村建设已经在农村基本上完成了"五通",98% 以上的行政村通了路、电、水、宽带和电话。这意味着乡村发展中小企业的基础设施条件已具备,给中小投资者和城乡劳

---

① 韩长赋:工业反哺农业,城市支持农村 http://www.moa.gov.cn/ztzl/kxfzg/llyt/200811/t20081104_1166092.htm,访问日期:2022 年 10 月 19 日。

动者提供了"搭便车"的机会,为内需型发展奠定基础。中国有约3000个县级单位坐落在县级中心镇,还有约2万个建制镇,只需选择部分中心镇作为城乡一体化的基本建设投资重点,就足以打造城市之外的第二"资本池",还可巩固农村作为传统"劳动力池"的作用。

国家2005年新农村建设提出以来通过大力投入农村基础设施建设,为之后乡村振兴战略的实施奠定了非常重要的基础条件。而从城乡融合发展的角度来看,城市化、工业化对于乡村的需求则首先突显为中等收入群体崛起后对生态绿色农业的供给侧改革的拉动。

2009年中央一号文件出台正值全球金融危机,各种资金争相流出实体产业而进入投机领域,从而加快金融资本化,促推房市泡沫化,社会失序和制度成本上升反过来更对实体经济釜底抽薪。全球需求大幅度下降又导致中国从2011年开始进入生产过剩。而此时也是我们继续推进农业产业化发展政策后续的农产品过剩阶段,我们生产了全球70%左右的淡水产品,67%的蔬菜,51%的生猪,40%的大宗果品。

与此同时,随着经济基础领域一系列广泛而深刻的变革,中国社会结构在发生巨大的变化,中国正经历着由小资主体社会向中等收入群体为主导的社会的转型。据中国社科院社会学所当代中国社会结构变迁研究课题研究表明,近十年来我国的中等收入群体从约3亿增加到5~7亿。2011年我们的一篇研究论文也分析了中等收入群体的规模增加必然和绿色、生态化发展需求结合,而这种需求来自城市,也就带来了"农业供给侧改革"的驱动力。这就是我们反复提及的"问题意识",我国目前的社会主要矛盾已经发生了变化,这在党的十九大报告中也有重要体现。

2012年党的十八大之后,2013年中央一号文件就提出"培育发展多元服务主体",并且提出要用5年时间基本完成农村土地承包经营权确权登记颁证工作。可以说这些都是为之后的"市民下乡"做政策铺垫。当下中国的农业经营主体非常多样,包括了传统的小农户、合作社、农业公司、家庭农场、新型职业农民等,在所有权为集体所有,承包权长期稳定在家庭承包农户手里之外,如何激活经营主体的积极性和确保土地流转经营的主体的稳性则是土地三权分置的重要方向。

2014年中央一号文件提出以解决好地怎么种为导向加快构建新型农业经营体系,以解决好地少水缺的资源环境约束为导向深入推进农业发展方式转变,以满足吃得好吃得安全为导向大力发展优质安全农产品。文件提出建立最严格的覆盖全过程的食品安全监管制度。从注重数量转为数量质量并重,以可持续的方式确保数量、质量双安全。以前农产品质量安全出现问题,更多的是追究个人和经营主体的责任,这次明确地方政府属地责任,并列入考核评价。

文件还提出,促进生态友好型农业发展,开展农业资源休养生息试点,加大生态保护建设力度。城乡统筹联动,赋予农民更多财产权利,推进城乡要素平等交换和公共资源均衡配置,让农民平等参与现代化进程、共同分享现代化成果。稳定农村土地承包关系并保持长久不变,在坚持和完善最严格的耕地保护制度前提下,赋予农民对承包地占有、使用、收益、流转及承包经营权抵押、担保权能。承包地所有权、承包权、经营权"三权分离"正式提上农村土地制度和产权法治建设层面,再一次推动农村生产力的大释放。依法推动承包权主体同经营权主体分离,是生产力、生产关系调整之必需,也是保障农民权益当务之急。

2015年中央一号文件更进一步对如何保障质量安全进行具体部署,如从农产品源头控制等。在制度建设上,提出粮食安全省长负责制。文件中明确提到,"推进农村一二三产业融合发展",并将之视为增加农民收入的主要措施。文件提出大力发展特色种养业、农产品加工业、农村服务业,积极开发农业多种功能,挖掘乡村生态休闲、旅游观光、文化教育价值。

2016年中央一号文件则以"新理念"贯穿始终,并且将"三农"中的农民的权益、农村治理、农业安全可持续更多作为一个整体提出。推进农业供给侧结构性改革,核心是围绕市场需求进行生产,使农产品供给更加契合消费需求,更加有利于资源优势的发挥,更加有利于生态环境的保护,真正形成更有效率、更有效益、更可持续的农产品有效供给体系。推动农业产加销紧密衔接、农村一二三产业深度融合,根本目的是促进农民增收。要使农业新型生产经营主体既能引领现代农业发展、农村产业融合,也能成为带动农民增收的领头羊,就必须完善农业产业链与农民的利益联结机制。财政支农资金投向要与建立农民分享产业链利益机制相联系,让农民能从财政支农资金产生的效益中共享利益。农村集体产权制度,是实现农民共同富裕的重要制度保障。文件提出到2020年基本完成土地等农村集体资源性资产确权登记颁证、经营性资产折股量化到本集体经济组织成员,健全非经营性资产集体统一运营管理机制。

第一次提出田园综合体的说法是在2017年的中央一号文件中,文件提出要积极发展生产、供销、信用"三位一体"综合合作,培养专业人才,扶持乡村工匠。2017年中央一号文件最大的亮点应该是提出了"三位一体"综合合作。

2017年中央一号文件还提到了要积极发展适度规模经营。据农业部统计,截至2016年底,我国土地经营规模在50亩以下的农户仍近2.6亿户,占农户总数的97%左右,占全国耕地总面积的82%左右,户均耕地面积5亩左右。在可预见的将来,纵使农户平均经营规模上升五倍、十倍,绝大多数仍属于小农户的范畴。

尤为值得一提的是,习近平总书记对一篇小农经济长期化的文章做了批示,指出小农经济如何与现代化结合仍然是个主要问题。这时,土地流转趋缓"拐点"已经出现。2015年,土地流转比例增速从前三年的4.3%下降到2.9%,2016年进一步下降到1.8%。这说明单纯依靠土地流转追求规模经营,其潜力是有限的。2017年中央一号文件提出,小生产如何同大市场对接,这是一个新的结构性矛盾,是供给侧结构性改革面临的一个问题。2017年中央一号文件把农村改革发展带入了一个新的阶段。将来的农村体制,光有农户承包经营不行,要为小农户提供产前、产中、产后的社会化服务才能更有生命力和活力。小农户与现代农业有机结合的问题也再次出现在党的十九大报告中。

2018年中央一号文件是改革开放以来第20个、新世纪以来第15个指导"三农"工作的中央一号文件,也是对于党的十九大报告中提出的乡村振兴战略的顶层设计与全面部署。文件从提升农业发展质量、推进乡村绿色发展、繁荣兴盛农村文化、构建乡村治理新体系、提高农村民生保障水平、打好精准脱贫攻坚战、强化乡村振兴制度性供给、强化乡村振兴人才支撑、强化乡村振兴投入保障、坚持和完善党对"三农"工作的领导等方面进行了安排部署。文件首次提出,乡村经济要多元化发展,培育一批家庭工场、手工作坊、乡村车间、鼓励在乡村地区兴办环境友好型企业,实现乡村经济多元化,提供更多就业岗位。农业具有经济、生态、社会和文化等多方面功能,而这来源于土地的多效用性,并且明确提出了农业的生态功能。

2019年中央一号文件包括8个部分:聚力精准施策,决战决胜脱贫攻坚;夯实农业基础,保障重要农产品有效供给;扎实推进乡村建设,加快补齐农村人居环境和公共服务短板;发展壮大乡村产业,拓宽农民增收渠道;全面深化农村改革,激发乡村发展活力;完善乡村治理机制,保持农村社会和谐稳定;发挥农村党支部战斗堡垒作用,全面加强农村基层组织建设;加强党对"三农"工作的领导,落实农业农村优先发展总方针。通过补齐农村人居环境和公共服务短板、深化农村改革、完善乡村治理机制等推进城乡融合进一步发展。

2020年中央一号文件明确2020年两大重点任务是集中力量完成打赢脱贫攻坚战和补上全面小康"三农"领域突出短板,并提出一系列含金量高、操作性强的政策举措。全文包括5个部分:坚决打赢脱贫攻坚战;对标全面建成小康社会加快补上农村基础设施和公共服务短板;保障重要农产品有效供给和促进农民持续增收;加强农村基层治理;强化农村补短板保障措施。文件中明确指出,要继续调整优化农业结构,加强绿色食品、有机农产品、地理标志农产品认证和管理,打造地方知名农产品品牌,增加优质绿色农产品供给,同时强化全过程农产品质量安全和食品安全监管,建立健全追溯体系,确保人民群众"舌尖上的安全"。

2021年中央一号文件指出,民族要复兴,乡村必振兴。要坚持把解决好

"三农"问题作为全党工作重中之重,把全面推进乡村振兴作为实现中华民族伟大复兴的一项重大任务,举全党全社会之力加快农业农村现代化,让广大农民过上更加美好的生活。文件指出,全面建设社会主义现代化国家,实现中华民族伟大复兴,最艰巨最繁重的任务依然在农村,最广泛最深厚的基础依然在农村。解决好发展不平衡不充分问题,重点难点在"三农",迫切需要补齐农业农村短板弱项,推动城乡协调发展;构建新发展格局,潜力后劲在"三农",迫切需要扩大农村需求,畅通城乡经济循环;应对国内外各种风险挑战,基础支撑在"三农",迫切需要稳住农业基本盘,守好"三农"基础。此外,文件还对农业绿色发展以及农产品质量方面提出了明确的要求,如"持续推进化肥农药减量增效,推广农作物病虫害绿色防控产品和技术。加强畜禽粪污资源化利用。全面实施秸秆综合利用和农膜、农药包装物回收行动,加强可降解农膜研发推广"。以及"加强农产品质量和食品安全监管,发展绿色农产品、有机农产品和地理标志农产品,试行食用农产品达标合格证制度,推进国家农产品质量安全县创建"。

2022年中央一号文件提出,推动乡村振兴取得新进展,农业农村现代化迈出新步伐。这是21世纪以来第19个指导"三农"工作的中央一号文件。文件指出,牢牢守住保障国家粮食安全和不发生规模性返贫两条底线,突出年度性任务、针对性举措、实效性导向,充分发挥农村基层党组织领导作用,扎实有序做好乡村发展、乡村建设、乡村治理重点工作。在城乡建设方面,文件指出,要健全乡村建设实施机制、接续实施农村人居环境整治提升五年行动、扎实开展重点领域农村基础设施建设、大力推进数字乡村建设以及加强基本公共服务县域统筹。在乡村治理方面,则是要加强农村基层组织建设以及创新农村精神文明建设的有效平台载体。通过这些有效措施,推动乡村振兴取得新进展、农业农村现代化迈出新步伐。

笔者作为一名在北京郊区经营生态农场十多年的新农民,对这十多年来农业政策导向有着切身的体会,我们正是那批最早下乡的市民,发展生态农业、组织农民的合作、提供更优质的农产品,构建城乡互信、种养循环的生态农业体系。但作为长期工作在乡村的非土著新农民,个人家庭长期在农场所在村庄租房,租期一般也不长,的确会有一种居无定所的感觉。其实,我们并不一定要在乡村工作、城市买房,如果村里闲置可以改造的房屋可以有更长的租赁期,肯定有更多人可以在乡村安居乐业,当然教育、医疗公平性是不可或缺的。而近两年,我们又有进城的趋势,因为我们在北京城市中心推动了都市农业:屋顶菜地、校园菜地、农夫市集等,在城市中农民需要更多展示以及与市民互动的机会,这些也都是对农产品有效的营销手段,即使从更长期来看,食物教育也是引导市民健康饮食,拉动供给侧改革的抓手。

如果能够把投资重点转到"人的城镇化"而不是维持过剩的城市产业,通过生态恢复和乡土社会重建来改善地方治理,农民就不至于背井离乡,农村也能增强吸引力。只有中国农民有了自信,农村才有自信,农业才有自信。中国农民的自信根本上是要实现农村和城市文化上的和谐,不能用现在的城市文化来改良农村的文化,不能用工业文明去改变乡土文明。并非只有城市文明和工业文明才是这个社会唯一的发展方向,要让乡土文明也成为21世纪人类文明中非常璀璨的一颗明珠,共同推进人类文明的进步。

石嫣　程存旺　温铁军

二、农村环保四十年

中国在水土资源严重短缺条件下,数千年的传统农业应对资源紧约束而形成的村社和家庭经营,一直具有环保和食物安全的双重正外部性[①]。而改为以发展主义为目标的农业现代化则直接造成资本深化的农业"双重负外部性";既要求农业向城市工业提供原始积累,又要求农村承担工业品(化肥农药除草剂等)投入造成的污染;虽然也促进了农业产量增加,但势必同步造成

---

① 注:所谓外部性,一般是市场经济条件下的企业追求收益最大化带来的制度成本,指经济活动中企业给其他企业或整个社会带来的无须付出代价的损失、或者不支付成本的收益,这时,企业的边际私人成本(收益)小于边际社会成本(收益)。解决外部性问题的市场化手段主要有庇古税、产权交易、污染权拍卖、合约完善等。

农村环境破坏。因此,归纳农村环保的经验过程,应该从工业化及城市工业向农业输出工业品入手。

建国伊始,中国在1950—1957年期间获得了苏联54亿美元的工业设备和技术投资,开启工业化高速发展的历史阶段。在初步形成生产能力的工业部门强烈要求下,中央政府于1956年采取以乡为单位建立高级社的方式,成规模集中土地以承接大型拖拉机用于农业,与此同时提出了"农业现代化"口号,这标志着中国进入"石油农业"时代。同年,中苏政治矛盾初步显露,苏联随之在1957年把直接援助改为贸易方式,随后又撤回专家和技术援助。为了避免尚处于起步阶段的工业化因后续投资不足而中辍,中央在1958年初提出"调动两个积极性",试图发动地方政府参与原来被中央政府垄断的国家工业建设,大规模下放财权、计划管理权和企业管理权,号召地方大办"五小工业"。在地方干部工业管理经验近乎为零的情况下,积极推进地方工业化的结果是走向"大炼钢铁"和"大跃进",进而造成了对农村资源环境的大规模破坏。

建国初期的资源和地缘政治等内外部约束成为中国制定相关政策的主要条件,并深刻影响着当前中国社会、经济和环境的发展趋势。后面以连续的历史视角客观分析在特定约束下中国农村环境保护的得失,并将着重分析已经成为中国水污染物中N、P两种元素最大来源的农业污染。

(一)农业污染的历史演进

建国初期,国内的氮肥产量只有0.6万吨,小麦、玉米和水稻等主要粮食作物的总产量只有不到1300亿斤。在地方大办"五小工业"的历史同期,国家提出了农业现代化的发展目标,使之被赋予了机械化、化学化的历史内涵。1970年代初,国家提出"四三方案",引进包括西方化肥设备的43亿美元成套设备,①使农业产量随1972—1974年化肥产量翻番而提升到超过6000亿斤"台阶"。农村改革以来随着我国化肥工业不断发展、农田水利设施的建设和良种的选用,我国的粮食连年增产,2012年已经超过11000亿斤。

化肥对粮食增产的作用巨大,但是过量施用化肥也造成了严重的环境污染

---

① 温铁军,等.八次危机:中国的真实经验(1949-2009)[M].北京:东方出版社,2013:73.

问题。以氮肥为例,1960年我国氮肥使用量仅为50万吨左右,1997年实现氮肥自给自足,到2005年氮肥施用量已达到近3000万吨,约为1960年的55倍,到了2007年氮肥过剩近1000万吨。中国氮肥施用总量已经是同期美国的3倍,法国的1.5倍,德国的1.6倍。[①]中国单位农田的氮肥施用量也远远高于世界发达国家的用量(表4-1),中国北方地区每亩地每年所施用的氮肥约为525磅(588公斤/公顷),每亩约200磅(277公斤/公顷)过剩的氮释放到环境中。[②]

表4-1 耕地资源和氮肥消费量的比较

	1961年		1980年		1998年	
	世界	中国	世界	中国	世界	中国
可耕地(公顷/人)	0.41	0.15	0.3	0.1	0.23	0.1
氮肥消费量(千克/公顷)	9.1	5.3	45.7	125	59.7	180.8

早在20世纪80年代,研究人员就开始关注农业中使用化肥造成的面源污染。面源污染一般理解为分散的污染源造成的污染,污染物主要是土壤中的农业投入品(化肥、农药等),在降雨或灌溉过程中,经地表径流、农田排水、地下渗漏等途径进入水体,造成水体污染。到了2005年,中国农业科学院副院长章力建等研究人员注意到农业污染呈现出立体化倾向,形成了包括点源和面源污染在内的"水体—土壤—生物—大气"各层面直接、复合交叉和循环式的立体污染,危害程度和防治难度都很大。国务院发展研究中心国际技术经济研究所《我国农业污染的现状分析及应对建议》黄皮书指出:"农业污染量已占到全国总污染量(指工业污染、生活污染及农业污染的总和)的1/3～1/2,而且对农产品安全、人体健康乃至农村和农业可持续发展构成严重威胁。"

2010年2月6日,中华人民共和国环境保护部、中华人民共和国国家统计局、中华人民共和国农业部联合发布了《第一次全国污染源普查公报》。对公

① 孟宪江.解决农资问题的第三条出路——兼谈我国农业生产方式的变革[N].经济日报,2005-5-14(7).

② 中国科学院国家科学图书馆.全球化肥使用存在极大的不平衡[J].科学研究动态监测快报资源环境科学专辑,2009,13(104).

报的数据简单地进行分类比较,可以发现农业源排放的总氮和总磷对两种水污染物总量的贡献率已经超过一半,分别占到57%和67%,农业已经成为这两种水污染物的最大来源。农业源水污染中,种植业污染主要源于过量使用农业化学品,养殖业污染来自畜禽大规模集中排放的废物及养殖业中大量使用饲料添加剂(表4-2)。

表4-2　《第一次全国污染源普查公报》全国及农业源主要水污染物排放量(万吨)

	化学需氧量 (COD)	总氮	总磷	铜	锌
全国	3028.96	472.89	42.32		
农业源	1324.09	270.46	28.47		
种植业		159.78	10.87		
畜禽养殖业	1268.26	102.48	16.04	2397.23	4756.94
水产养殖业	55.83	8.21	1.56	54.85	105.63

我国不仅是化肥施用总量和单位面积用量第一大国,也是农药施用总量和单位面积用量第一大国。20世纪50年代中国开始使用杀虫剂、杀菌剂和除草剂等农药,自70年代以来得到广泛推广;与50年代初相比,2005年中国农药交易量增长了30倍,农药的积累用量已达400多万吨,农药施用面积在$2.8×10^8 hm^2$以上,使用量居世界第一位[1]。2009年中国农药使用量已经达到了170万吨,其中除草剂用量约70万吨(中国农业年鉴,2010)。

一般而言,农药施用量的20%~30%作用于目标生物,其余的70%~80%将进入环境[2],不仅可能对当地非标靶生物产生毒害,而且可能间接危害人、畜和生态系统健康。农药可长期残留在土壤中,或者通过水分入渗和地表径流进入地表水及地下水,或通过扬尘或挥发进入大气,最终进入食物网在更大范围导致突变、癌症和畸形等生态危害,甚至危及人类健康。中国太湖地

---

① 李顺鹏,蒋建东.农药污染土壤的微生物修复研究进展[J].土壤,2004,36(6):577-583.

② 屠豫钦,袁会珠,齐淑华,等.我国农药的有效利用率与农药的负面影响问题[J].世界农药,2003,25(6):1-5.

区①和湖南省东北部②农田土壤中有机氯农药检出达到100%,剧毒的有机氯农药中DDTs和HCHs所占比例超过70%。全国600多个点的地表水的水源普查结果表明(Gao et al.,2009),内吸磷和敌敌畏的检出率达到80%~90%;乐果、甲基对硫磷、马拉硫磷和对硫磷的检出率在50%以下。与世界其他地区相比,检出浓度显示内吸磷(平均值35.4 ng/L,变化范围1.5~2560.0 ng/L)和敌敌畏(17.8 ng/L,变化范围1.4~1552.0 ng/L)处于严重污染状况,乐果、甲基对硫磷、马拉硫磷和对硫磷处于中等污染状况;中国北方河流有机磷农药的污染状况高于南方河流,水体中有机磷杀虫剂的最高浓度是:长江流域的敌敌畏(1552.0 ng/L),辽河的内吸磷(2560.0 ng/L),黄河的乐果(2660.0 ng/L)、甲基对硫磷(480.0 ng/L)、马拉硫磷(1290.0 ng/L)和对硫磷(150.0 ng/L)。上海农田土壤中水稻田土壤和蔬菜地土壤有机磷农药均有不同程度检出。甲拌磷、乐果、二嗪农、马拉硫磷、对硫磷在上海水稻田和蔬菜田中均有检出,其中,对硫磷的检出量和检出率均最高。另有调查表明:一些被禁止使用的剧毒农药,如克百威,仍可以在市面销售的蔬菜水果中被检出。

中国农业工业化进程历时不过六十年,与西方发达国家长达百年的农业工业化、化学化污染相比,污染周期虽短,但大量的农业化学品密集过量使用所引发的多重负外部性仍然造成了巨大的损失。吴开亚的《巢湖流域环境经济系统分析》,估计在巢湖地区,化肥的过度使用对环境、农业、人类健康等造成的经济损失折合约为24.4477亿,在太湖流域,来源于农田面源、农村畜禽养殖业、城乡接合部城区面源3大来源的总磷分别为20%、32%和23%,总氮分别为30%、23%和19%,贡献率超过来自工业和城市生活的点源污染,2005年太湖治污总投资约100亿人民币,而2007~2020年的太湖二期综合治理方

① 安琼,董元华,王辉,等.苏南农田土壤有机氯农药残留规律[J].土壤学报,2004,41(3):414-419.

② 张慧,刘红玉,张利,等.湖南省东北部蔬菜土壤中有机氯农药残留及其组成特征[J].农业环境科学学报,2008,27(2):555-559.

案计划投资达1114.98亿元[①],2009年10月审计署公布《"三河三湖"水污染防治绩效审计调查结果》指出太湖平均水质仍为劣五类。在农业面源污染引发的多重负外部性集中爆发的历史阶段,政府急需从全国层面上制定系统性的综合防治策略。

(二)农业污染成因分析

农业所造成的巨大生态环境破坏,从表面上看是由于使用了过量的化肥、农药等生化制剂,以及农膜、食品添加剂等现代科技成果。那么问题在于,为什么一个拥有6000多年耕作史的农耕文明国家沿袭了几千年的生态小农经济,会在短短几十年里却因大量使用生化制剂而造成严重的环境破坏?只有从根本上分析农业造成严重环境污染的原因,才能从根本上找到防治农业面源污染的办法。

原因之一:基本国情制约。

中国用7%的耕地养活21%的人口,高度紧张的人地关系是我国自20世纪70年代中期开始从国外引进化肥制造设备、兴修农田水利灌溉设施、推广高产良种、地膜覆盖等增产措施的根本动因。改革开放以后,虽然人口占全球比重下降为19%,但人口绝对值仍然大幅度增加,对农产品需求同步增加;另一方面在市场经济导向下,农业开始追求现代产业的增长模式,向土地要效益、向土地要产值。导致耕地资源被大量占用,农民在极有限的耕地资源上追求最大产出,其结果必然是农业的化学化程度不断增加。

原因之二:市场失灵。

根据西方经济学的经典原理:在没有外部性的情况下,自由的竞争市场将产生有效率的结果。但如果出现外部性,竞争市场的结果就不可能是有效率的。

传统的小农生态农业以生产过程与自然过程高度合一为特征,具有自然生态循环和低污染、低能耗的作用,对于环境保护和食品安全具有天然的正

---

① 张维理,徐爱国,翼宏杰.中国农业面源污染形势估计及控制对策 III.中国农业面源污染控制中存在问题分析[J].中国农业科学,2004,37(7):1026-1033.

外部性;现代的产业化农业以市场经济为导向,追求个体收益最大化,造成环境污染和食品不安全的负外部性。但在当前的市场经济环境下,无论是现代的产业化农业的负外部性,还是传统的小农生态农业的正外部性,都根本无法从农产品价格上反映出来;市场也完全不具备调节供求和要素配置的基本功能。在扭曲的市场条件下,各种生产要素因其获取要素收益的本性而流向能够获取更多收益的部门。大量使用化学制剂的农作物因其高产可获取更多的市场收益,吸引各种生产要素流向生产化肥、农药、农膜的部门,以及需要大量施用各种化学制剂的生产方式,如大棚式生产,集约化饲养。

另一方面,随着农民打工收入比例的上升,农民的预期收入是以城市劳动力价格为影子价格的工资收入。这一预期收入的变化,使得以前隐含在农产品中因家庭式小农经济而不被计入的劳动力成本显现出来,导致农产品劳动力成本提高,因而越是多使用劳动力的生态农业就越缺乏市场竞争优势。再加之消费者与生产者信息不对称,无法从农产品外观上直接辨识出生产过程是否添加化学制剂,因此成本较高的生态农业在市场上完全丧失竞争力。

越是从农业生产环节追求利润,就越是刺激农业化学化,从而出现劣币驱逐良币的现象。成本较高但采用生态环保方式生产的农产品完全失去竞争力,市场被大量使用化学制剂和添加剂的农产品占领。就如同农业生产资料市场上,符合国家质量标准对人体危害较小的农药完全失去竞争力,剧毒但药效快的农药因其成本低效果明显而占领市场。

原因之三:政府无能为力。

经济学理论指出当市场出现失灵的时候,政府将使用看得见的"手"对经济进行调节,维持经济的平稳发展。始于家庭承包制的农民"去组织化"打散了农民内部原有的组织资源,分散小农以微观经济主体形式单个进行市场交易。这就导致分散的细小农户与致力于推进工业化和城市化的现代政府主体之间的交易费用过高,在需要长期跟踪监管的农产品种植领域更是如此。当政府面对的是高度分散的2亿小农户的时候,高额交易费用的存在使任何政府都无能为力。

原因之四:产业资本扩张。

1997年东亚金融风暴造成中国初现"生产过剩"。产业资本面临供大于求的困境转而投入"三农",以追求农村资源的资本化收益。在世纪之交将经济发展寄希望于以农村全面发展的内需拉动的中国政府,在1998年十五届三中全会提出"农业产业化"政策。紧接着的2000年,《中共中央　国务院关于做好2000年农业和农村工作的意见》中继续进一步强调了"以公司带农户为主要形式的农业产业化经营,是促进加工转化增值的有效途径"。在中央政策导向下,各省市纷纷出台各种政策扶持农业龙头企业,鼓励农业产业化发展道路。

国家政策与已经显露生产过剩的产业资本需求高度契合,在以为市场化农业经营作为农民提高收入主要途径的思想指引下,产业资本"下乡"进入农业领域。在逐利本性的驱使下,产业资本首先整合了获利能力较高的农产品流通领域,然后进入农产品加工领域,最后才进入风险较高的农产品生产领域。上述政策发布后,通过资本来整合各种涉农生产要素,延长产品价值链,提高农民收入,逐渐演变为一项主流的农业政策。另一方面,20世纪80年代中期之后,包括乡镇在内的数以万计的各级地方政府扮演了市场经济的主体角色,推动了新一轮工业化城市化进程。公司化地方政府与产业资本的结合浑然天成,政府扶持使得产业资本通过不公正的市场环境下乡获利。资本下乡之后很快实现了对农村资本、土地、劳动力等要素的配置主导,由此获得超额收益。又因产业资本只获取制度收益而不承担制度成本,因此没有形成对农村环保的制度需求主体,在环境代理缺位的情况下,自然形成农村环保的制度空白。

(三)生态文明重塑"现代农业"内涵

1.国家战略重大转变

进入工业化中期阶段以后,中央强调工业反哺农业。国家战略也就此做出重大转变:2003年提出放弃单纯追求GDP,强调科学发展观所内含的循环经济、有效经济;2005年提出资源节约、环境友好;2007年党的十七大进一步提出"生态文明"理念。据此,2007年中央1号文件改变1956年因国家工业化需求而确立的"农业现代化"指导思想,转而强调"发展现代农业是社会主义新农村建设的首要任务";和强调农业的多功能性:"农业不仅具有食品保障功能,而且具有原料供给、就业增收、生态保护、观光休闲、文化传承等功能。建设现代农业,必须注重开发农业的多种功能。"

2008年十七届三中全会进一步提出以"资源节约型、环境友好型"作为农业发展的长期目标,到2020年基本实现"两型"农业转型;2012年党的十八大报告更是把生态文明建设放在突出地位,融入经济建设、政治建设、文化建设、社会建设各方面和全过程,并将加快建立生态文明制度。以往依靠化学品密集投入、产生高污染、大量消耗资源的农业生产方式及依附于此形成的产业利益集团显然是违背生态文明和"两型"农业内涵的,将在生态文明制度逐步建立和完善的过程中被淘汰,而符合生态文明和"两型"农业要求的农业生产将得到引导、支持和发展。

2.发展路径选择

中国以村社为基础的传统农业长达四千多年,而四十年化学化和产业化的农业相对四千年传统农业来说不过是短短一瞬。中华民族积累了深厚的农业耕作理论和技术。美国的金博士1911年考察了中国农业写出了《四千年农夫》(Farmers of Forty Centuries),成为指导欧美有机农业发展的经典著作之一,英国和美国的有机农业创始人都深受该书影响。亦即,西方国家体现生态化的现代有机农业本源于中国。

2002年联合国开发计划署、世界银行、联合国粮食及农业组织、联合国环境规划署、联合国教科文组织、世界卫生组织和全球环境基金共同发起组织编写了《国际农业知识科学和技术促进发展评估》(IAASTD),包括中国在内的58个国家签字认可了该报告的综合摘要。IAASTD综合摘要中指出:"要成功实现发展及可持续性目标,农业知识与科技需要有根本性的转变,包括科学、技术、政策、制度、能力发展和投资。要实现这个转变,必须认识到并更加重视农业的多功能性,考虑各种社会及生态背景下农业系统的复杂性。要推广农业知识与科技的综合发展和推广模式,需要新的制度及组织安排。还需要承认农业社区、农业家庭和农民既是生产者,也是生态系统的管理者。”“要实施能够转变农业科学知识与科技利用模式的全球、区域和国家性决策,归根结底要依靠无数男女农民和作为参与者和终端使用者的农业社区的努力。”

两型农业转型要依靠传统小农,发挥传统小农对环境和粮食安全双重保障功能,充分挖掘传统农业蕴含的先进原理。在此基础上,可借鉴日韩的东亚小农经济和综合农协服务体系。日本农民的平均收入水平比城市还高,其收入的60%以上来自日本政府的补贴。为了解决与分散小农的交易成本问题,通过综合农协的多功能业务享受大量的政策优惠、对其所办产业减免税进行间接补贴。伴随着农业政策的调整,这些国家和地区涌现了一系列体现城乡互助内涵的农业营运模式,如社区支持农业(CSA)、农夫市场(Farmers' Market)、消费者合作社(Co-op)等。

北京市小毛驴市民农园是国内第一家试验社区支持农业(CSA)模式的大型城郊农场。2008年借鉴“农业三产化”、“农业社会化”的国际经验,北京市海淀区政府与中国人民大学联合建立了以“合作型生态农业”为核心的产学研基地,在凤凰岭脚下的苏家坨镇后沙涧村创建了社区支持农业(CSA)——“小毛驴市民农园”试验项目。

而今CSA运作模式已经在全国30个省份传播开来,社会生态农业CSA运作不同于一般的有机农业生产与销售的核心在于其依托各种本地化的社会资源进行多重信任体系的重构的短链农业,这种多重信任体系可以有效化解有机农业产销过程中存在的信息不对称造成的市场和政府双失灵。

程存旺　石嫣　温铁军

三、乡村振兴从农民自信开始

习近平总书记在党的十九大报告上提出了“乡村振兴”的国家战略。整段内容虽然只有四百多字,却凝聚了新世纪以来党和政府在“三农”领域的诸多制度创新,点明了中国农业、农村和农民未来的发展方向。

务农十年,作为新时代的农人,我在北京郊区租了300多亩土地种菜、种水果,直接供应北京市民家庭,同时还利用自己的学习实践心得将自己的农场变成新农人的孵化基地。

习近平总书记在党的十九大报告强调实施乡村振兴战略。"农业农村农民问题是关系国计民生的根本性问题,必须始终把解决好'三农'问题作为全党工作重中之重。"

要坚持农业农村优先发展,按照产业兴旺、生态宜居、乡风文明、治理有效、生活富裕的总要求,建立健全城乡融合发展体制机制和政策体系,加快推进农业农村现代化。巩固和完善农村基本经营制度,深化农村土地制度改革,完善承包地"三权"分置制度。

保持土地承包关系稳定并长久不变,第二轮土地承包到期后再延长三十年。深化农村集体产权制度改革,保障农民财产权益,壮大集体经济。确保国家粮食安全,把中国人的饭碗牢牢端在自己手中。

构建现代农业产业体系、生产体系、经营体系,完善农业支持保护制度,发展多种形式适度规模经营,培育新型农业经营主体,健全农业社会化服务体系,实现小农户和现代农业发展有机衔接。

促进农村一二三产业融合发展,支持和鼓励农民就业创业,拓宽增收渠道。加强农村基层基础工作,健全自治、法治、德治相结合的乡村治理体系。培养造就一支懂农业、爱农村、爱农民的"三农"工作队伍。

细读党的十九大报告关于乡村振兴的内容,可以发现,报告已经清晰地勾勒出了中国乡村发展的未来,"产业兴旺、生态宜居、乡风文明、治理有效、生活富裕"。愿景美好,挑战却不小,中国农村在城市化不断发展的历史进程中,至少也将有20%的人居住在农村,实现了这2~3亿人的现代化,毫无疑问是对全人类社会进步的巨大贡献,其中的难度可想而知。

如何让"产业兴旺、生态宜居、乡风文明、治理有效、生活富裕"这五个方面统筹发展,不偏颇,不冒进,无短板?

报告指出,首先"要坚持农业农村优先发展",这是对既往从农业与农村提取土地、劳动力和资本,用于城市和工业优先发展的偏激模式的纠正,如今城市和工业的发展已经铸就了坚实的基础,取得了辉煌的成就,例如北上深广等一线城市的基础设施已经达到国际发达国家的先进水平,房价更是高高在上,城市居民的资产实现史无前例的迅猛增长。

相比之下,农村的基础设施建设水平、公共服务水平和农民收入水平都远不能企及城市的水平,为数不少的地方,城乡差距到了触目惊心的地步,远的不说,即便如首善之区北京的农村还有不少未通自来水,竟还有农村至今不通快递,农业产业欠发达,导致农民就业机会少,农民工资水平低,农户家庭收入较北京市民人均收入差距大,较北京市房价更是天壤之别,城乡差距的问题在北京况乎如此,可见问题严重的程度,可见优先发展农业农村的紧迫程度。

其次,要"深化农村集体产权制度改革,保障农民财产权益,壮大集体经济",亮点在于壮大集体经济。

从当前农民家庭收入的结构可知,外出务工收入已经占到农民家庭收入的50%左右,种养殖兼业等经营收入占比约35%,这两项农民家庭收入的主要部分大幅增长的可能性越来越小。

随着AI和MI技术在工业体系的深化应用,未来产业工人的就业岗位将缩减,并且将压缩低学历产业工人工资水平的攀升空间,务工收入大幅拉升农民家庭收入的可能性越来越小。

受宏观经济所限,农产品的价格也不可能大幅上涨,而产量大幅增长所需的重大技术突破,以及产业结构调整带来的巨大市场增长空间在短期内都不可能实现,因此,种养殖兼业等经营性收入也不太可能成为农民家庭收入增长的主要动力来源。

集体经济是有巨大想象空间的,集体经济不仅意味着农村和农业产业在规模上的量变,还意味着从技术到管理、到经营方式、到理念、到竞争力、到利益分配的质变；集体经济将成为小农和大市场之间的最佳纽带，将成为农村和农业现代化的最佳载体。

报告还强调，要"培养造就一支懂农业、爱农村、爱农民的'三农'工作队伍"。

说实话，"懂农业、爱农村、爱农民"的"三农"人才在全世界范围内也是稀缺的，高素质人才首选大都市生活和就业，留在农村的大部分人群都是老弱病残幼，即便北京的郊区农村亦如此，甚至在日本也是这样的，城乡收入比几乎为1∶1的看似均衡发展的发达国家，农村人口的老龄化也极为突出，年轻人依然愿意留在拥挤的大都市，过着压力高的生活。

原因不仅在于收入的差距，更重要的是乡土文化在城市文化面前缺乏自信，甚至被摧毁，导致年轻人对乡村生活缺乏认同。因此，要培养"懂农业、爱农村、爱农民"的"三农"人才，要从根子上重新树立乡土文化的魅力，让乡土的精神文明和物质文明齐头并进。

(一)中国小农的竞争力在哪里

其一、中国农业没有竞争力是小农和大市场之间必然的矛盾，国际农产品价格的竞争核心是资源和政府补贴的竞争。目前我们所说的竞争力多指价格高低，而国外的一些农产品为什么比中国的要低？因为一方面美加澳等大农场国家拥有着殖民化时期不可比拟的"先天"优势，人均占有的资源比例中国不可比，另一方面欧美政府对农业采取高补贴政策，使得产品国际市场价格甚至低于生产成本，而中国农业对小农的补贴和保护政策比较少。

其二、中国农产品没必要与国际拼价格，应该拼的是文化，价格是工业文明农产品竞争力的表现，而生态文明之下应该重视乡土文化的价值。国际消费品领域都认同手工的价值，而农业本身就是饮食文化的重要体现。比如，我们为什么要拼黄豆的价格，而不去输出我们中国丰富的豆制品文化？或者让中国丰富的农耕多样性成为旅游、休闲的目的地？

现代农业不能理解为规模化、机械化，而应该是农业的多功能性：经济、生态、社会、文化功能，现代农业就应该兼顾这些功能。

小农与现代农业体系结合,小农家庭作为生产主体转为家庭农场和以小农为主体的农业合作组织,作为商业、技术的重要载体。

(二)讨论"三农"问题要有问题意识

我们很多学者在谈农村的信息化时,会把农村的信息化推进慢归结为农民的个体问题,但我们反而应该反过来回到根本思考:农村为什么需要信息化?

农民需要什么样的信息化? 是否都需要像高科技温室一样的科技,还是更贴近更多数农民的适用性技术?

看我们农业的整个链条中,虽然在大城市有两个小时从下单到送到家的生鲜电商,但在前端的几十年的变化还是非常缓慢,从种子、肥料、植保技术、农业机械等方面都可以看出,缺乏真正服务于农民需求和有品牌、有标准、有信任度的本土企业,农业机械从小工具直接到了大型拖拉机,服务于中小规模的农业主体的机械很少,服务于生态农业链条中的各个环节的机械仍然有大量空白。

我们的农民不缺农田管理技术和勤劳,但是缺乏交流学习的机会和提升自我管理的动力。而这些领域应该是政府补贴和支持的方向。

农业补贴也存在"精英俘获",乡村地方精英与地方政府的利益关系复杂,地方精英拿到项目总是能贴近中央政策方向,而大量项目资金只惠及少数群体,虽然一个地区树立起一两个典型,但有些单位依赖政府补贴却缺乏有效的市场机制。

大量乡村的沼气站、大棚等闲置、荒废。这些本来都可以成为服务地区发展的公共品,而不是支持到个体后,反而导致资金的浪费和为了申请补贴而申请,跟实际的需求相差很远。

如何使得有限的补贴可以用到刀刃上,让有限的补贴支持到拉动乡村发展的生产力前端,抓住农民的真正需求,支持乡村公共品建设,加大对补贴的监督、项目公开的力度,应该是我们下一步政策探讨的方向。

（三）中国农业和农村的自信来自中国农民的自信

只有中国农民有了自信，农村才有自信，农业才有自信。

中国农民的自信根本上是要实现农村和城市文化上的和谐，不能用现在的城市文化来取代农村的文化，不能用工业文明来取代乡土文明，要让乡土文明也成为21世纪人类文明中非常璀璨的一颗明珠，共同推进人类文明的进步。并非只有城市文明和工业文明才是这个社会唯一的发展方向。

另外，让我们乡土的公共服务进一步提升，实现公共服务的均等化，促进农民收入的提高。让农民在乡村就可以安居乐业。

传统依靠务工收入，依靠种养殖经营收入都已经不再可持续，农民传统收入方式的天花板已经出现。

我们如何去开辟农民收入增长的重要渠道，而农村的组织化程度提高可以带来组织收益，让原来农民个体经营收入在组织化提高程度下进一步放大，这可能带来几何级数的增长，同时能培育农民的合作文化、创业文化。

中国农业的强大不只是需要有几个大型的农业公司，农民不要都成为资本化农业企业家，而是应该成为社会企业家，成为乡土的生活者，对自己的职业生活认可、自信，无论面积是大或是小。

石嫣　程存旺

四、我们能为子孙留下半个地球吗？

几代人踩踏、蹂躏、停驻；

生灵，

在贸易的烈焰下焦煳，

在辛劳的跋涉下虚无；

泥土，

带着人类的腥臭与玷污，

如今已荒芜，

穿着鞋的双足，

再无法感受大地的抚触。

[英]杰拉尔德·曼利·霍普金斯1877

　　一个多月前，《半个地球：人类生存的保卫之战》的译者送给我一本还未正式出版的样书，读完之后，我便将作者威尔逊其他的著作一口气都买来。作者威尔逊跳出了一般科学家关注问题的视角，有着更多的人文关怀，他在所有著作中都在努力尝试建立一种跨学科和整体性的思考模式，同时还有着对于科学的深刻反思。正如他自己所说："科学家分两类。第一类之所以投身于科学事业是为了养家糊口。第二类则相反，他们为了投身于科学事业，而想办法去养家糊口。"我想"社会生物学之父"威尔逊应该属于第二类。他认为所有科学和人文追求背后的主要驱动力，就是去理解生命的意义，去理解我们的知识境界以及我们获取知识的方法和原因。

　　作者在《半个地球：人类生存的保卫之战》中提出一个极具挑战性的观点：我们现有的生物多样性的破坏速度要远远超过我们对于多样性的保护速度。因此，我们必须要提出一个更有挑战性的目标：我们必须为这个蓝色星球留下一半的大自然（荒野）。

(一)我们正处在地球的第六次大灭绝之中

　　地球生命历史长达38亿年。6500万年前，一颗小行星撞击了地球，70%的物种从此消失，其中就包括最后一代恐龙。这就是中生代爬行动物时代的终结，也是新生代哺乳动物时代的开始。人，就是新生代的终极产物，很可能也是新生代最后一件作品。

　　在地球生命历史上，灭绝事件总是以随机变化的强度接连发生，而真正具有决定性的重大事件，只会每隔一亿年发生一次。据考证，地球上曾发生过五次颠覆性的毁灭事件，最近的一次就是发生在墨西哥希克苏鲁伯的陨石撞击。每一次事件之后，地球都需要大约1000万年的时间进行自我修复，这也是为什么由人类引起的毁灭大潮常被称作第六次灭绝的原因。据保守估计,现在物种灭绝的速度是前人类时期的877倍。我们曾亲手抹去了生命族谱中的分支。每一个物种都是独一无二的,一旦消失,我们便再也无法得知那永远离我们而去的关于它们的重要科学知识。

20万年前,新物种起源的速度和已有物种灭绝的速度大概是每年每100万个物种中有一个物种。目前物种的灭绝速度接近于人类在地球上扩张之前的物种灭绝速度的近1000倍。虽然全球生物保护工作已经将物种灭绝速度下调了约20%,但如果维持目前状况不变,也许能剩下一半,更大的可能性是剩下不到四分之一。

未来的地质学家可能会说:"不幸的是,人类世界将飞速的技术进步和人性中最卑劣的一面结合在了一起。对人类和其他生灵来说,那是一段可怕的时光。"

我们会为了满足自身的短期需要而继续糟蹋这颗星球,还是会为未来世代着想,悬崖勒马,制止这场大规模灭绝事件?

我们依然太过贪婪,目光短浅,我们分裂成彼此敌对的组织,依靠这些组织去制定长远决策。很多时候,我们的行为就像为一棵果树争吵不休的猿猴一样。后果之一,就是我们正在改变大气和气候,使之偏离最适合我们身体和思想的状态,也令我们的后代面临更加艰难的处境。

数亿年累积的如此繁盛的生物多样性,就这样在我们手上凋零,仿佛自然界的物种就是杂草,就是厨房里的害虫。难道人类就没有一点廉耻之心吗?生活在城市中或人口密集的农村地区的人们总会想当然地认为,整个世界都是由人类主宰的。"战场中没有敌人时,师徒都会睡去。"

(二)我们的星球由一个看不见的世界所塑造

与此同时,我们很多时候迷信科学家和专家的论调,而忽视了更多的常识和每一个人都可以用科学的方法探索真相。作者威尔逊在另一本著作《造物——拯救地球生灵的呼吁》中提出对于科学家的反思:"大部分研究者,包括那些诺贝尔奖获得者,都只是狭窄领域的熟练工人,他们对人类境况的兴趣并不比一般人更多。对于科学而言,科学家就像是大教堂里的泥瓦匠,让他们任何一个人脱离工作环境,你很可能会发现他们过着一种很平凡的生活,充斥着日常的食物和呆板的想法。科学家很少能够产生跳跃性的创造。事实上,大多数人从来就没有独创的想法。""成功的科学家就像诗人一样思考,即使有灵感的话也是转瞬即逝的,其余时间则像是个记账工人一样工作,很难产生独创的想法。所以在科学家的职业生涯中,大部分时间都是在满足于填写数字和整理图书。""科学的力量不是来自科学家,而是来自它的方法。科学方法的力量,也可以说是科学之美,在于它的简单。它可以被任何人理解,经过一些训练就能掌握。科学的发展来源于它的累积性,它是千百万使用共同科学方法的科学家们创造的成果。"①

最近,我看到很多相关领域的最新研究进展都集中在微生物,比如在土壤学和营养学、公共健康领域,人类对世界的认识只是在不断接近真理,比如以前认为营养的主要构成就是三大营养物质:蛋白质、脂肪和糖类,后来发现即使足量提供这些营养物质也是不足够的,还需要有人体所需微量元素,同时甚至还有一些抗氧化的多酚类,而最新的很多研究开始关注肠道菌群的健康。

每个健康的人类机体中都存在一系列主要由细菌组成的平衡生态系统,互惠共生。

在普通人的口中和食道中,生活着500多个细菌物种。共生关系的失败,则会导致外来物种的入侵,造成牙菌斑、龋齿和牙龈疾病。人体细胞的平均数量约在4000亿,而人体之中细菌微生物共生群落的平均成员数量至少是该数值的10倍。肠胃道方面的疾病,也包括肥胖、糖尿病、易感染体质,甚至还有某些精神疾病。

地上多产出一些粮食,仅把粮食这个公共品变成了经济产业,却同时忽视了与此动植物之间是如何传递信号的,微生物是如何影响我们精神系统的,我们还有太多关于地球的奥秘不了解,我们的星球由一个看不见的世界

---

① [美]爱德华·O.威尔逊.造物——拯救地球生灵的呼吁[M].马涛,等译.上海:上海人民出版社,2009:93-94.

所塑造。在我们能够全面了解这个看不见的世界之前,为什么要投入这场威胁全世界的不必要的赌局之中呢?正如我们现在农业领域的赌局一样,我们把所有赌注都压到了在一亩土地的同时带来的环境和社会的负外部性,农药化肥超量使用;食物从种子到餐桌再到饭后大概浪费一半;现如今世界上仍有九亿多人口处于饥饿状态,却有三四亿人口肥胖或营养过剩,食物分配不均;农民仍然属于从种子到餐桌整个过程中的最弱势群体。我们将大量化学品投入到土地、作物之上,最终又通过各种循环链条进入人体内,我们不注意饮食健康,将钱花在购买更多加工食品和下餐馆而摄入了更多的油和盐,于是就有了更多"病从口入";土壤不健康,植物营养少,饮食太单一,还需要补充维生素片,卖药的公司比生产健康食物的公司有更高利润。很多我们的"自由"选择,似乎都是本末倒置啊!

其实,我们有很多选择,我们已经有了很多良好的实践和样本,让人可以在有限资源的条件下与自然和谐相处,但我们需要唤醒更多人来关注、来加入,主动或被动走向生态文明的生活方式。

此书出版前,出版社编辑让我写一个推荐语,我觉得人类多大程度上可以全面认识这个地球,取决于我们认可自己有多"无知"。威尔逊的著作在尝试建立人与自然的连接:在日常中,让社会认知大自然的重要性;在研究领域,建立跨学科的对话。希望我们在推动社会生态农业上的努力与威尔逊"半个地球"的倡导一样,为时不晚!

生物圈不属于我们,是我们属于生物圈。

石嫣,根据威尔逊的著作内容编写

2017年12月7日完成于分享收获农场1号大棚

五、重建人与土地的连接

"每5户消费者加入,就可以让一亩土地脱毒;每10户消费者加入,就可以让一个农民健康耕作;每100户消费者加入,就可以让5个年轻人留在乡村工作;每1000户消费者加入,就可以有一个更可持续发展的乡村。"

我觉得我就是一个最普通的农场主,所以我想给大家介绍一下,作为一个经营差不多300多亩土地的农场主,怎么样从经济、社会、生态三方面,把它在几年的时间里运营好。我将用三个问题来回答。

(一)博士为什么要当农民

我从事这项工作核心的原因是受到我和我先生共同的导师温铁军教授的影响。《四千年农夫》是我们翻译成中文的,是一位美国土壤局的局长1909年来到中国,1911年完成的图书。我第一次读到这本书就被震惊了,那一年正好在美国的一个农场工作。

当我们做农业的时候,很多人会想到其他国家的一些模式,但当时作者最崇拜的是中国农业的种植方式,可以持续几千年同时养活了这么多的人口。美国的农业,虽然极大地促进了生产率,但也极大地破坏了农田的环境和土壤。因此,这本书引发了我们对于农业的一些反思。

我到很多地方做过调研,我意识到我们看到的光鲜食物的背后,做农业生产的人是很难承担更多大家所期待的社会责任的人。你想让农民种出更健康的食物,现在他们是挣扎着要为生存所考虑的人,我们如何把更多的社会责任加到他身上?

第二个问题是比较受关注的食物浪费问题。农业的碳排放在整个的产业链端,贡献率是非常大的。现在从农田到餐桌之前已经浪费了三分之一,所以很多创新农业项目都在解决其中的问题。

比如,在很多发达国家,他们就有专门的剩食餐厅。这个餐厅的所有食材都是还没有坏,但是马上就要被抛弃的、或是长得非常丑的食物。

还有一点我觉得需要人们去关注的是,当我们过去谈农业的时候,可能很多谈到的是农业本身,但是其实现在农业更多延伸的一个新的名词,从国际的叫法上来讲叫"食物体系"。

当我们谈食物的时候,不只是在谈农业,还在谈健康的饮食。现在就有大量的研究显示,其实糖和烟一样,会使人上瘾。过去就有人提出,我们在烟草上标注"吸烟有害健康",未来是不是在可乐上也标注内含14块方糖的含量?

目前,我们这样的食物教育知识和课程是非常稀缺的,这也是当初我们选择做农业背后的另外一个原因,我觉得我们需要重新让更多人来定义什么是真正的食物。现在每个人的饮食都不只是影响到我们自己,比如说我们中国人吃肉的问题,已经成为全球很多研究机构非常关注的一个问题。

前段时间我去纽约参加了世界经济论坛的会议,所有会议用餐60%~80%是素食,而且有很多在硅谷创业的新项目,就是以素食为主产生的食材,能够形成一种新的引领大家饮食风尚的潮流,这些领域也是大家需要关注的。

我在2008年去美国的一个农场工作了半年,全部的时间都在农场种菜,但是我在那里学到最多的不是种菜技术,而是他们的CSA的模式。

CSA讲的就是怎么让生产者和消费者直接建立模式,所有的会员要提前预付费,在本地150~200公里以内的生鲜农产品直接从产地配送到家里。

这就解决了农业中的两大痛点:农业生产中自然风险的问题;生产者资金的现金流都非常受限制的问题。

从农业生产自身的角度来说,其实并没有农民一定想要把规模做大的。如果我经营100亩土地就可以挣到足够的收入,为什么要经营200亩土地?而且这并不意味着你将有更多的收益。

因此,在这背后是一种新模式的兴起,比如说像农夫市集在英国、美国等很多的欧美国家又重新兴起。

2018年,我去联合国粮农组织开会的时候,大家达成了两个共识:第一是生态农业要被全球政府更多地支持,形成更大的规模;第二是要测算食物的真实成本。比如说土地污染、环境污染的成本是没有被消费者所支付的,这些成本要由未来政府的相关科研机构测算出来,进而获得更多的补贴支持生态农业。

"分享收获"是在这个背景下创办的,当时我和我的爱人看到了所有以上的这些社会问题,我们觉得做研究已经很难解决社会关注的一些痛点了。所以我们就想先从自己真正经营好一个农场开始,从一个小的点着手去改变社会的问题。

2009年,我们在北京开办了小毛驴市民农园,同时我们也在农场举办了两个人的婚礼,这个婚礼是全国最早的有机婚礼,我们在农场里举办了有机生态食材的婚宴,邀请的也都是农场主的朋友。

一种新的生活方式和新的价值观会在未来更多90后、00后的生活选择中,成为他们愿意去消费的一种生活方式。

(二)为什么养鸡的时候要养鹅

我们在北京的第一个基地,当时配送的蔬菜是一个比较单一的模式。

后来,我们在北京的顺义有了第二个基地,这个基地差不多50多亩,主要以农业的设施大棚为主。又过了两年,我们租了第三个基地,把每个基地运营好以后,当消费市场饱和之后,再运营下一个基地。

所以,我们在北京一共有三个基地,两个基地都在顺义的镇上。我们现在蔬菜的生产情况,全年能够达到差不多80~90个蔬菜的品种,每周配送的蔬菜品种有30多个。

作为一个农民,需要非常多的智慧和知识。农民并不是被社会淘汰的职业,你要运营一个农场,需要对水、电、建筑、农业的生态学、种植等多方面的了解,实际上运营好一个农场,对农人的要求是非常高的。因此,我们在农场的管理过程中,也有一个很重要的方向就是培养更多的新农人。

我觉得很重要的一点,就是不要超过自己能力的方式去投资农业的生产端,农业的生产端一定是随着需求和自己的能力增长逐渐投入。

比如说我们最初的农场,大家来了就坐在地上吃饭,逐渐人越来越多,就在大棚里和仓库里吃饭。再后来有更多的人来之后,在农场里又改造了一个小的餐厅、食堂,可以举办很多活动。农场自己还做了7间很小的民宿,也是在原有房子的基础上改造的。

在有激情的同时,我觉得做农业也应该关注农业里很多科学性的部分,比如说我们的水土都要进行严格的检测,我们还建立了一个沼气的循环系统,现在做饭是用沼气,农场的废物都可以放到沼气池里进行发酵,这样就形成了一个农场的循环体系。

在生活和生产两端,完全可以形成一个永续的循环模式。目前,因为自己农场的养殖量还不够,还需要购买一些牛粪、羊粪,希望通过五年的时间,这样一个基地会达到非常好的生态修复。

农场的自然环境越来越好,会发现有越来越多的野生动物出现,比如说刺猬和蛇。

还有一个很重要的指标就是蚯蚓,现在农场蚯蚓的数量越来越多,我想说一个数据,这具有非常重要的意义:我们来到第一个顺义基地的时候,测出土壤的有机质是1.5%,华北平原土壤的有机质大概是不到1%,而我们经过了五年的工作以后,现在土壤的有机质已经达到4%以上,几乎接近东北的土壤质量。

我觉得这个数据是非常重要的,新农人不只是去做更好的产品销售,还要保育土壤,土壤是公共品,是农场里最重要的财富。

我们也有一些农场养殖的部分,也在给会员进行配送,包括鸡、猪、鸡蛋,还有农场的水果,现在的配送箱里,会员可以选择他想要的农场产品清单。

(三)他们手上的黄手绢是什么植物染色而来的

我们在北京呼家楼小学做的一个食农教育的课程,孩子们拿的黄色手绢是用紫色的洋葱皮染色而成的。这也告诉孩子们,农耕的课程不只是种菜,很多布的染色就是通过植物染色,它也是农耕一个很重要的组成部分。

我们每年暑假做三期夏令营,都是以土地为主导的课程。我们每个月办一次新农人的培训,这个培训是特别"接地气",在我们农场住一周,每天有半天时间在农田里耕作,剩下半天时间我们去讲解CSA农场是如何运营的。因此,我们后来也出版了一本书《大地之子》。

很多时候,我们在超市里看到的西红柿和我们农场的西红柿有很明显的区别。

真正作为一个农业一线的生产者,也意味着要重新定义"奢侈"和"清贫"

这两个词,有的时候在城市的生活看似是奢侈,但是实际上是清贫的。在农村的生活看似清贫,但是有时候是奢侈的,因为吃到的是最新鲜的食物。

我们自己这个农场一共有差不多60个人在工作,图4-22中右边是老农人,左边是新农人。

图4-22　分享收获CSA农场新老农人团队合集·2018年夏

乡村振兴的关键是人能不能回流。如果我们只是把资金、土地不断从农村抽出去,那么乡村是不会振兴的;只有人回来了,而且在这个地区做产业,有更多人生活在这个地方,再配套政府的公共服务,这样的地区才会真正振兴起来。

这些年我们培养了100多个返乡青年,现在分布在全国各地,有的已经做出了自己的农产品品牌。

同时,我们每年办一次CSA大会,这个大会最早从人民大学开始,2018年12月第十届中国CSA大会在成都举办。我们借用大会热议的平台去推广CSA的理念,作为消费者、生产者,其实都可以在本地发起一个CSA的项目。大家在会议上一直充满激情地去讨论生态农业,而且这里面有更多是以生态的方式在耕作的农业生产者。

2017年,我们邀请了全国100位各界的领袖,共同发起了一个"有种有种"的倡议,这个倡议我们会继续做。在每年的大会上,有一个种子交换的活动,如果大家在各地有一些老的品种或者是自己保存下来的品种,可以在这个大会上进行品种的交换。

2015年,我到中央给汪洋同志进行工作汇报,其实也是汇报我们生态新农人的经营方式。我记得他当时问了我一个问题,选择做农场,是不是使我现在的同学都很羡慕。这句话也演变成了现在政策里的一句话,就是我们要让农民成为一个让人羡慕的职业。

我觉得这是非常重要的一句话。因为大家都知道,现在社会鼓励年轻人去成为医生、教师、律师,但是一个人一生需要律师、教师、医生的时间是有限的,而农民是从你出生到去世为止都离不开的。

一旦我们这个社会总是不断鼓励让更多的人逃离乡村或者离开土地,这是对每个人的饮食都不负责任的。

我希望通过很多人的努力,至少让农民这个既古老又新兴的职业,可以被更多的人接受。就像在我们团队里一群有为年轻人,至少他们的父母不再会认为他们的选择是一种逆向的,或者说有悖于社会潮流的。

六、有机农业从有机农人开始

2018年5月6日,当《焦点访谈》节目曝出超市柜台里的"假有机"时,也许你看此新闻时正在吃饭,并且仿佛感到自己满嘴农药化肥,也许在为你多年来的选择而后悔不已,也许你在庆幸,幸好自己没有买过所谓有机菜,也许你很欣慰自己当下选择的是做一个真正的有机农场,那么现在,我却想和你们聊聊如何保障自己吃到的是"真有机"。

> 有机农业从有机农人开始,
> 我们要把农业做成一项伟大的事业,
> 让越来越多人愿意亲近土地,
> 所以就更加不许别人败坏农民的名声,
> 种一棵菜,从播种到收获至少要40天;
> 种一粒麦子,从播种到收获至少要半年多时间。

世间万物都有自己的节奏,而要打破这种节奏势必会打破一种平衡。农业中动植物生长更是谨遵属于自己的节奏,人为打破带来的是生态的失衡、食品安全问题的频发、社会信任水平的下降。

其实"有机农业"不是一个新名词,确切地说是人类农业发展面临种种困境后自我反思的产物。"有机农业"这个词从开始出现就是面对农田环境污染的问题而生的,通过有机耕作改良现状而不是为了寻找一片净土。许多人说"中国很多地方水土都污染了,哪里有真有机"之类的话,但有机农业并不是很多人用来标榜问题和"我懂"的一个靶子。有机农业是为了恢复一个人与自然、人与人之间和谐共生关系的方式,而恢复了系统的健康后,自然可以不再依赖任何外部的化学品投入。人们需要有机,基于各个方面原因,健康的、营养的、环境的、公平的、经济的。常规农业依赖越来越多的化学品来维持这个系统的生存,而使用这些化学品却使得有益生命体死亡。这就是为什么一个非常单一化的生态系统,一旦某一种疾病袭来,就会迅速蔓延开来。

我们经常听到很多人自信地说:"不用农药化肥,那就是绝收!"实际表现出来的更多是农民见到虫、见到病就想打药的"瘾"。

可是,我们是不是简单地对这种"上瘾"说不呢?

有人说:"我是零农药零化肥就是有机生产。"

其实,如果简单地认为有机农业就是从使用农药化肥转向不使用农药化肥,或者使用有机制剂和有机肥,用天然产品来杀死昆虫、除草、抑制病害,那些常规农业带来的问题就不会被改变,有机种植也很难成功。

有机农业倡导的"生态、健康、公平、关爱"这四大原则不应该是简单的对农业生产标准的一种认定,更应该包含对乡土文化的保护和认可。有机农业的生产方式在乡土文化中不仅是一种生产方式,更应该是一种生活方式。

当琳琅满目的生态、绿色、有机的商品充斥在我们周围,那么什么才是真正的有机,是贴有有机标识吗？是附在产品后面的检测报告吗？是纯净的生产环境吗？

我们随手从超市有机专柜拿起一包产品,上边的有机标识是对有机的证明吗？脑海中第一反应：是的,第三方平台检测过的呀。但是细想,如果第三方平台渎职,甚至是唯利是图呢,谁又该对我们消费者负责。如果一个小农按照有机的生产方式进行生产只是付不起高昂的认证费用,那么他的产品是有机的吗？

如果条件允许到生产基地,看一看周边环境是否远离工业污染,是否有多样杂草,是否有昆虫和动物到处出没。有机农业不使用化肥、化学农药、除草剂、转基因种子及其他一切化学添加剂,所以有机的农场应该是一个生物多样性的循环系统,杂草、随处可见的蚯蚓粪、青蛙、刺猬甚至是蛇。如果环境令人满意,记得停下脚步和农场主或者田间的农民聊一聊：农场主是生活在农场吗？田间的农人认同有机的生产方式吗？农场主和农场的农人之间的关系是怎样的？太多有机种植理念的农场主以为自己是按照有机方式种植有机农产品,但是实际种植的农民却不见得能完全理解并去执行有机种植的标准,最后可能与有机的理念背道而驰。

如果有机标识和种植环境都不能完全令人信服的话,怎么才能保障有机呢？这个阶段一定要号召社会化参与,如果消费者了解食物的来源、生产方式、农人生计,那一定会有更负责任的消费和选择。

有机农业从有机农人开始,做好有机农业需要的很多,不仅仅是情怀,我们需要完善产消对接、按照有机的方式进行生产管理、确定合理的价格、服务好我们的食客。做农业不能靠概念,而中国几千年农耕文化已经告诉我们,农业就要靠实实在在的田间管理,扎扎实实地把技术深耕。

所谓有机农人,有机的就不只是产品,还有态度与生活。

做一个服务土地的农人,就是我们的生活和工作都是围绕着这片土地上的——这些生命共荣共生,无论是植物还是动物、人抑或是微生物⋯⋯

在乡土,自己生产并见证了从土到土的循环,也就更知道珍惜——食用品相不好的菜品,剩余物回田,衣服穿二手,饮食以蔬食为主。乡土生活通过物理接触拉近人与自然的距离,拉远人与消费的距离。

确切地说有机农业是我们的信仰,只生产有机标准的产品,不仅是为了让自己及家人吃上一口放心的食物,更是为了尽最大努力去改良我们的环境,保护我们的土地等自然资源,让农民成为一个有尊严的职业,让乡村因此而复兴。有机不是一个结果,而是一个过程;有机是一个词语,而我们要不忘初心。

真正的有机农人是一批因为环境、健康、社会公正而从事有机农业的人,他们的生产规模在30~500亩之间不等,他们与消费者对接,有计划进行生产,自己也能获得合理收益。消费者获得有机标准的食材,关爱环境;生产者承诺以真诚、透明、信任、包容、分享的态度去进行有机生产。

如此,CSA模式才能够是一种真正保障有机生产的方法。

让农场和消费者之间建立直销、互信友好的关系,让生产者有稳定的市场保障专心生产,让消费者吃到更健康的食物,消费者以预付生产定金作为农场主生产的"投资"。这种模式让中小型的生产者的生计得到更好的保障,消费者也因此用消费支持了那些生态生产、保护环境的农户。

实际上,问题都是源于大部分人对食物来源了解太少了,而且缺乏信任。

有时候菜的品相差一些,就会有投诉说这样品相的菜不值这个价格,品相很好的蔬菜也会有人怀疑这不是真的有机。

有些会员家里的老年人往往不接受价格相对高一些的蔬菜,还有的人吃惯了化肥催长的蔬菜和饭店嫩肉粉软化的肉类,再吃农场提供的食物就会觉得部分菜口感老、猪肉肥、鸡肉纤维多。

分享收获农场主"掌柜"石嫣有时候也会自嘲,如果当初选择了当大学老师,恐怕不会承受这么多的质疑。

很多人对有机的概念有不少误区,其实有机的菜不一定是品相更好看的菜,也不一定是品相更难看的菜,拒绝了那些能让菜变"好看"的药剂,我们种出来的菜,有的品相很好,有的却形状大小不怎么规则。一年四季变化、气候冷暖都会影响产出和品相,因此,有机菜的味道是自然的,风味度是浓的。

如今,分享收获农场的会员超过了1000个家庭,我们为近3000户家庭送过菜,有70%的会员从始至终都跟随我们,有的家庭两个孩子,都是吃农场的菜长大的。他们记得从小吃的黄瓜有自然的味道,也记得帮自己家种米的杜大叔每次都要去田里自己拔草。这就是让吃的人、种的人建立信任，与土地紧密相连。

我们出版了一些生态农业的指导手册，持续在国内传播生态农业理念。从2009年开始，连续举办了八届全国生态农业大会，利用这个平台充分宣传CSA理念，带动更多的人和家庭成为"新农人"群体中的一员。

选择做有机农业的人，一定是努力在生活上做减法，减少因为自己的生活给土地带去负担的可能。

我们希望推动更多的人加入进来，并且能够不断进行复制，让更多的农人通过从事农业项目，可以有尊严地获取收入。同时，也能够让更多的消费者吃到更加健康的食物。

在我们的影响下，全国大概有1000多家这样的单位，包括小农户、新农人群体、合作社。这些群体在北京、深圳、上海、成都等地，都能和当地的消费者群体建立连接。有时候，一个人可能连接100~2000个消费者家庭，其规模和方式也不尽相同，几十万个家庭都在参与这场饮食变革，这又何尝不是一种刷新有机观的一种运动呢。所以，吃有机并没有想象中的那么难，靠谱的产品从选择一个靠谱的农人开始，毕竟农人就在那儿，了解他们也是保障自己。

真正的农人上知天文下知地理，照料动植物、照料建筑、照料水利设施、照料设计……勤劳、勇敢、坚强、节俭。

真心希望这样的农人，可以再多一点儿。

有机农业从有机农人开始，坚持住，定能赢。

参考文献

[1]程存旺,孙永生,石嫣,等.生态文明导向下的"两型"农业[J].绿叶,2012(11).

[2]石嫣,程存旺,朱艺,等.中国农业源污染防治的制度创新与组织创新——兼析《第一次全国污染源普查公报》[J].农业经济与管理,2011(2).

[3]程存旺,石嫣,温铁军.氮肥的真实成本[J].绿叶,2013(4).

[4]温铁军,等.八次危机:中国真实经验(1949—2009)[M].北京:东方出版社,2012.

[5]张斌,尧水红.环境中的农药——中国典型集约化农区土壤、水体和大气农药残留状况调查[R].绿色和平组织研究报告,2013.

[6]温铁军.CSA模式是建设生态型农业的有效途径之一[J].中国合作经济,2009(10).

[7]郝志军,陈力平,黄云,等.关于重庆市发展生态型都市农业的研究[J].农业现代化研究,2004,25(1).

[8]张禄祥,郑业鲁,万忠.我国都市农业研究概述[J].广东农业科学,2005(3).

[9]李路路,李升."殊途异类":当代中国城镇中产阶级的类型化分析[J].社会学研究,2007(6).

[10]马丽娟.关于中国中产阶层的特点及其社会功能[J].前沿,2006(4).

[11]羽仪.20世纪60—70年代美国环保运动史述评[J].湖南社会科学,2009(1).